Osprey Combat Aircraft

SBD Dauntless Units of World War 2

Barrett Tillman

大日本絵画

Osprey Combat Aircraft

オスプレイ軍用機シリーズ
36

第二次大戦の SBDドーントレス

部隊と戦歴

[著者]
バレット・ティルマン

[訳者]
富成太郎

カバー・イラスト／イアン・ワイリー　フィギュア・イラスト／マイク・チャペル
カラー塗装図／トム・タリス　スケール図面／マーク・スタイリング

カバー・イラスト解説
1942年6月4日ミッドウェイ海戦にて、第3爆撃飛行隊のシド・ボトムレイ・ジュニア大尉が、乗機SBD-3ドーントレス（BuNo 03246）で、日本海軍機動部隊に急降下爆撃を行い、水柱で泡立つ海面を背に反転離脱しようとしている。ミッドウェイ海戦でドーントレス隊が南雲艦隊に与えた打撃は、太平洋戦争の分水嶺になったともいえる大戦果であった。
この海戦で、ボトムレイ大尉はダニエル・ジョンソン通信士とともに、空母「ヨークタウン」（CV5）から出撃し、その戦功により海軍十字章を授章している。大尉はその後も第3爆撃飛行隊に所属し、1942年8月24日の東ソロモン海戦（第二次ソロモン海戦）では、空母「サラトガ」から出撃し、部隊とともに軽空母「龍驤」撃沈の一役を担った。

凡例
■本書に登場する米国の飛行隊に与えた主な訳語は以下の通りである。また、必要に応じて略称も用いた。
米海軍（USN＝United States Navy）
Bomber Squadron（VBと略称）→爆撃飛行隊、Sqouting Squadron（VSと略称）→偵察飛行隊、Torpedo Squadron（VTと略称）→雷撃飛行隊、Fighting Squadron（VFと略称）→戦闘飛行隊、Armed Scouting Squadron（VGSと略称）→護衛空母偵察飛行隊、Composite Squadron（VCと略称）→混成飛行隊
米海兵隊（USMC＝United States Marine Corps）
Marine Scout Bombing Squadron（VMSBと略称）→海兵偵察爆撃飛行隊、Marine Torpedo Bombing Squadron（VMTBと略称）→海兵戦爆飛行隊、Marine Fighter Squadon（VMFと略称）→海兵戦闘飛行隊
このほかの各国については適宜日本語呼称を与えた。
■搭載火器について、本書では便宜上口径20mmに満たないものを機関銃、それ以上を機関砲と記述した。

翻訳にあたっては「Osprey Combat Aircraft 10 SBD Dauntless Units of World War 2」の1998年に刊行された版を底本としました。［編集部］

目次 contents

6	1章	偵察爆撃 the scout-bombing mission
13	2章	戦いの始まり early combat
30	3章	珊瑚海とミッドウェイ海戦 coral sea and midway
43	4章	ガダルカナルとソロモン諸島 guadalcanal and the solomons
67	5章	中部太平洋とフィリピン central pacific and philippines
82	6章	陸軍用と外国向けドーントレス banshees and foreign dauntlesses
92	7章	まとめ Perspective

19	カラー塗装図 colour plates
97	カラー塗装図 解説

29	乗員の軍装 figure plates
103	乗員の軍装 解説

chapter 1
偵察爆撃
the scout-bombing mission

　真珠湾、珊瑚海、ミッドウェイ、ガダルカナル、マリアナ諸島、そしてフィリピン……さながら太平洋戦争の激戦地めぐりのようだが、これはダグラスSBDドーントレスが活躍した戦場である。真珠湾からフィリピンまで、つまり開戦から終戦まで、ドーントレスは太平洋戦争の全期間を第一線で戦っており、これほど活躍し続けた海軍機は世にそう多くはない。とくにミッドウェイ海戦では、ドーントレスの3飛行隊のあげた大戦果が、太平洋戦争の流れ、すなわち歴史を変えることにもなったわけであり、その働きが世界史に与えた影響の大きさを考えると、史上最も活躍した艦上攻撃機であったといい切っても差し支えはないであろう。

　ドーントレスの活躍を記す前に、この機体が配備され始めた頃、つまり太平洋戦争が始まる直前のアメリカ海軍航空隊の機種編成に触れておこう。

　1941年12月、真珠湾が奇襲されたその時、アメリカ海軍航空隊は機種改変の真っ最中であった。戦闘機隊は、開戦前年の1940年に複葉のF3F-3がようやく退役し終わり、やっと全機が単葉のグラマンF4F-3ワイルドキャットと、ブルースターF2A-3バッファローになったばかりであった。

　雷撃飛行隊（VT）は1937年に就役したダグラスTBD-1デヴァステーターのままで、新型の雷撃機グラマンTBF-1アヴェンジャーの部隊配備が始まるのは、開戦翌月の1942年1月以降のことであった。因みに、最初にこの新型雷撃機を装備することとなる飛行隊は、空母「ホーネット」（CV8）の第8雷撃飛行隊であったが、その「ホーネット」の偵察爆撃飛行隊（VSB）は、開戦当日にあっても、相変わらず複葉のカーチスSBC-4を使っていた。また、ほかの空母の偵察爆撃飛行隊では、空母「レンジャー」（CV4）と「ワスプ」（CV7）は

右頁上●アメリカ航空機業界で「Mr. Attack Aviation」として知られたエドワード・ハイネマン。BT-1のプロジェクトを指揮し、SBDにまで発展させたほか、第二次大戦中は、A-20ハボックやA-26インヴェーダーなどアメリカ陸軍向けの軽爆撃機を開発した。戦後は海軍向けの機体を開発し、AD/A-1スカイレイダーや、A3D/A-3スカイウォーリア、A4D/A-4スカイホークなど、長寿機となった機体を手がけている。彼の開発した機体で飛んだ多くのパイロットたちに尊敬されていたが、1990年に亡くなっている。

この機体は、アメリカ海軍航空管理局登録番号（Bureau of Aeronautics number：BuNo）9745、ノースロップBT-1急降下爆撃機のプロトタイプである。BT-1は1935年に初飛行し、54機が製作され、1938年から第5、第6爆撃飛行隊（VB-5、6）で艦載機として部隊配備された。後継機SBD（ドーントレス）は、BT-1を基に、ノースロップ社のカルフォルニア州エル・セグンドの工場で開発が始まり、後に同工場を買収したダグラス社がその開発を引き継いだ。SBDの機体デザインは、完全引き込み脚の採用や、胴体などがリファインされ近代化が施されたが、この写真を見ると、ドーントレスにはベースとなったBT-1の面影が所々に残されていることに気付かされる。

ドーントレスは艦載機として開発されたが、最初期型のSBD-1は海軍よりも先に、海兵隊が受領した。1940年に編成された海兵隊の第1海兵爆撃飛行隊(VMB-1)は、ドーントレスを装備した最初の飛行隊となった。写真は同部隊のものであるが、戦前の塗装例に倣い、主翼はクロームイエローに塗られ、ラダーには垂直にストライプが入っている。着陸識別用LSO (Landing Signal Officer) ストライプはこちら側からは見えないが、垂直尾翼の反対側に塗られているはずである。この部隊は1941年7月に第132偵察爆撃飛行隊(VMSB-132)へ改編され、1942年11月から12月までガダルカナル島に駐留している。その後1943年末にふたたび同島勤務となった。
(Peter B Mersky via John Elliott)

ヴォートSB2U-1とSB2U-2のヴィンディケーター偵察爆撃機を使っていた。

ところで、部隊番号に付くVSBという略称の定義であるが、これは偵察(Scout)と爆撃(Bombing)の両任務がこなせる、偵察爆撃飛行隊(Scout-Bomber)ということである。その偵察爆撃飛行隊の装備機であるドーントレスは、1941年の終わりまでには、アメリカ海軍航空隊装備機の半数を占めるようになっていた。通常、航空母艦には72機が搭載されるが、その半数の36機がドーントレスで、そのうちの18機が偵察飛行隊(VS)、18機が爆撃飛行隊(VB)という具合になっていた。また、司令官が専用機として、さらに1機を特別に搭載する場合もあった。

この新型偵察爆撃機SBDドーントレスは、1935年に就役したノースロップの急降下爆撃機BT-1の後継機として開発された機体である。開発はノースロップ社のカリフォルニア州エル・セグンド工場で始められたが、後に同工場を買収したダグラスがその開発を引き継ぎ、1940年5月1日に初飛行している。因みに、ヨーロッパではドイツがフランスに侵攻する直前の時期である。この初期型のSBD-1は1941年初頭に海兵隊に納入され、航続距離を伸ばしたSBD-2が海軍へ艦載機として納入された。

▌偵察任務
'Victor-Sugar' - Scouting

第二次大戦前から戦中を通して、アメリカ海軍の偵察飛行隊は3つのタイプに別れており、装備機もそれぞれ異なる機体が使われていた。航空母艦搭載の艦上偵察機はSB2UヴィンディケーターやSBDドーントレス、あるいは後のカーチスSB2Cヘルダイヴァーのような複座の単発単葉機。戦艦や巡洋艦搭載の着弾観測を主要な任務とする観測飛行隊(VOS)は複座の単発水上機で、ヴォートOS2Uキングフィッシャーか複葉のカーチスSOCであった。陸上基地から発進し、沿岸警備や対潜哨戒など比較的安全な任務を担当する偵察飛行隊は、艦上偵察機やキングフィッシャーからフロートを外して車輪に換装した機体などであった。なお、ドーントレスを装備する偵察飛

行隊のうち、アメリカ本土以外の海外に派遣された部隊は、当初はそのほとんどが航空母艦に所属する艦隊勤務であったが、1944年頃になると、陸上基地をベースとする部隊がその半数を超えるようになっていた。

海軍の航空兵は、偵察飛行隊あるいは爆撃飛行隊に配属されると、索敵と爆撃の両任務をこなせるようにトレーニングされた。広大な戦域を索敵するには、母艦に搭載されている18機の偵察機では足りないことがままあり、爆撃隊も索敵任務に駆り出されることが多かったからである。こうした索敵中に爆撃機が敵を発見した場合は、偵察機同様にまず索敵詳細報告を打電してから爆撃を行うのがルールとなっていた。

ドーントレスが索敵任務に就く場合、500ポンド（225kg）の通常爆弾を搭載するのが普通であった。威力の大きい1000ポンド（454kg）爆弾を搭載しなかったのは、重量が増すと航続距離が短くなってしまったからである。なお、索敵は通常2機編隊で行われていたが、これは戦果をあげるチャンスを増すためだけではなく、援護や航法を双方で支援できるからでもあった。

索敵の方法は、例えば偵察飛行隊の全機、18機が任務に就いたとすると、2機ずつ9つの編隊に分かれ、索敵エリアをちょうどケーキを切り分けるように、一辺が320km、幅が32〜80kmの9つのセクターに分け、各編隊がひとつずつセクターを受け持つようになっていた。これ以上の範囲を索敵する場合、偵察隊だけでは機数が足りず、爆撃飛行隊のドーントレスも駆り出されていたというわけである。もっとも1942年の夏以降は、航続距離の長いTBFアヴェンジャーがこの索敵任務に当たるようになり、爆撃飛行隊のドーントレスは本来の爆撃任務だけに専念できるようになっていった。

ところで、当時の通信システムであるが、音声通信機はすでに存在はしていたが伝達距離が短く信頼性も低かったので、偵察機が放つ敵発見の報など重要な通信には、もっぱらモールス符号による電信が使われていた。情報を迅速かつ正確に伝えなければならない偵察飛行隊にあって、銃手兼通信士であったドーントレスの後席搭乗員たちは、射撃だけではなく、モールス符号も自在に操れる、優秀な電信員でもあらねばならなかった。

■ 爆撃任務
'Victor Baker' - Bombing

ドーントレスの本来の用途は爆撃であるが、難しい爆撃目標や、高速での爆撃など、爆撃には色々なケースがあり、それらの任務を全うするには、厳しい訓練を繰り返さなければならなかった。とくに高速で退避

量産2号機、BuNo1957。1941年の第1海兵爆撃飛行隊の隊長、アルバート・クーリィ海兵隊少佐のSBD-1である。着陸誘導員が機体姿勢を確認するためのLSOストライプは、垂直尾翼の左舷側にのみ塗られていることに注意。クーリィ少佐は1942年2月まで第132海兵偵察爆撃飛行隊で隊長として勤め、後に昇進し終戦時には大佐となっている。

ドーントレスの全開状態のダイブブレーキ。上側がダイブ・フラップで、下側はランディング・フラップである。フラップに開けられた穴はテニスボール大で、フラップを開いても空気の流れが途切れず、これにより水平尾翼の昇降舵が正常に作用し、投弾後の離脱反転もできるようになっている。この機体はA-24Bバンシー（42-54582）であるが、著者とその父の手で1971〜72年に、SBD-5仕様にレストアされ、その後何年か飛行していた。1976年からヴァージニア州クアンティコの海兵隊航空博物館に展示されている。

戦争が始まる前の1941年後半、空母「サラトガ」CV3の甲板に勢ぞろいする同艦の航空群。手前に戦闘飛行隊VF-3のF4F-3ワイルドキャットが発艦態勢に入っている。ワイルドキャットに続いて、第3爆撃飛行隊と第3偵察飛行隊のドーントレスが続き、甲板後方には第3雷撃飛行隊(VT-3)のTBD-1が並んでいる。塗装は全機とも戦前の、全面ネイビーライトグレーに塗られている。国籍マークは中央に赤丸が付いたものが、胴体左右と、主翼左舷上面、右舷下面の4カ所に描き込まれていた。

　行動をとる駆逐艦への爆撃などは、30〜35ノット（55〜65km/h）で激しく動きまわる長さ100m、幅12mの目標に爆弾を命中させることであり、根気よく訓練を繰り返さなければ成し得る技ではなかった。

　爆撃の際の編隊行動は、空母に通常搭載されている18機の全ドーントレスを投入して行うフルスケール爆撃では、6機ずつ3編隊に分かれ、各編隊は3機ずつそれぞれに小編隊を組み、隊長機の少し後の左右に2機ずつ僚機が従うという隊形をとって目的地まで飛行した。

　目標のダイブ・ポイントに近づくと、編隊は高度を14000から15000フィート（4200〜4500m）にとり、V字型から斜めに連なる梯形に隊形を整え、1機ずつスロットルを絞り、ダイブ・ブレーキとフラップを開き、速度を落として急降下を始める。急降下は普通、70〜75度の降下角度をとり、240ノット（440km/h）で降下し、高度450〜600mあたりで爆弾を投下した。降下開始から爆弾投下までだいたい30〜35秒くらいであった。

　急降下の間、後部銃座の7.7mm機銃は、迎撃機が襲ってくる可能性のある場合は、すぐに撃てるように取り出しておくが、急降下中はキャノピー内に収めておく部隊もあった。

　爆撃任務に就くフル装備のドーントレスは1000ポンド（454kg）の通常弾か、徹甲弾を胴体下に、100ポンド（45kg）爆弾をひとつずつ両翼下にも取り付けていた。信管は、攻撃予想目標に応じて通常信管や遅延信管などを取り付け、重装甲された艦船に対しては、装甲を貫き、船体内で爆発するように、徹甲弾に遅延信管が取り付けられていた。

　爆弾投下後は、対空砲火を避けるためと、速度を稼ぐために、引き上げ

上昇はできるだけ遅らせるということがよく行われていた。また、ダイブ・ブレーキは開いたままでは、水平飛行に移ると速度が出ず高度を維持できないので、爆弾投下後は閉じられた。

爆撃を終え、帰投する際は、あらかじめ設定された集合地点、ランデブー・ポイント（rendezvous point:RV）に集まり、編隊を組んで帰投したが、集結に便利なように、ランデブー・ポイントは帰路上に設けられるのが常であった。ドーントレスのような機体は、単独索敵などで敵戦闘機に捕捉された場合、生き残れるチャンスはないも同然だが、このように群れをなせば、後方機銃の防御力も増し、敵戦闘機に追撃されても生還率はぐっと増したのである。

操縦性に関しては、ドーントレスは降下中のコントロールが正確に行える機体で、とくにロールは、ダグラスのエルロンが良くできていたおかげで、とてもコントロールしやすかったと伝えられている。ドーントレスとSB2Cヘルダイヴァーの両方を操縦したことのあるパイロットは、70度210ノット（390km/h）の急降下では、ドーントレスの方が、より安定性が高いと好む者が多かった。

ちなみにヘルダイヴァーSB2C-1とSB2C-3はそれぞれ降下速度が310ノット（574km/h）であったが、改良型のフラップを付け、命中精度を上げたSB2C-4とSB2C-5では260ノット（482km/h）と低速側に制限されていた。

SBD-3の通信士兼銃手が、後部機銃M2ブローニングの右側の銃に弾帯を装塡している。弾帯には4発ごとに1発ずつ弾頭が黒く塗られた曳痕弾が付いていた。後席搭乗員は通信と射撃の両方を担当しているため、音声通信のほかモールス電信にも精通していなければならず、射撃も敵機を迎撃できるだけの腕前が要求されていた。

1941年後半のものと思われるが、「エンタープライズ」の航空群司令が、SBD-2の右翼上面に書き込まれた自分のスペシャル・マーキング「CEG」を見せている。この「Big E」（空母エンタープライズ）の司令は、機首を上げ、右エルロンとラダーを使って、撮影機に向かって横滑りしているのが分かる。操作系が軽く、反応がよいのが、SBDがパイロットたちに気に入られていた理由でもある。

複葉機SBCから単葉機SBDドーントレスへ
From SBCs to SBDs

複葉爆撃機SBCが、新型機ドーントレスに改変された当時のパイロットの

話を紹介してみよう。

　ジョン・E・ヴォーズは1934年に海軍大学を卒業し、1940年に飛行訓練を受け、パイロットになると第6偵察飛行隊に配属となり、複葉のカーチスSBCを操縦していた。彼の話によると、複葉機から単葉機に移るにはいろいろな問題が発生したことが判る。

「私が第6偵察飛行隊に配属されたとき、部隊はSBC3を使っていた。複葉で、脚は手でクランクを回して出し入れするのだが、編隊で離陸する時などは、左手でクランクを回して脚をしまいながら編隊を組んでいた。サンディエゴの海軍基地にいた頃は、よく9機編隊で飛ぶことがあったが、編隊で旋回するとき内側に位置していると、急旋回をしながらフラップと脚を同時に手で回して操作することもあり、ものすごく大変だった。

「1941年に私を含めて何人かが、エル・セグンドのダグラスの工場に新型機ドーントレスの見学に行かされ、その年の11月、第8爆撃飛行隊を編成するために、ヴァージニア州ノフォークに停泊する空母『ホーネット』に転属になった。

「ところがノフォークのイーストフィールド基地に着いてみると、私たちの使う機体は相変わらず複葉のSBCだった。ただし改良型のSBC-4で、フラップと脚はもう手で上げ下ろしする奴ではなかったので、その点だけは助かった。プロペラのピッチを低速にするとひどくうるさくなる機体だった。

「1942年の3月だったと思うが、ノフォークからサンディエゴにSBC-4で飛び、ようやくSBD-3ドーントレスを受け取った。そのすぐ後に我々の母艦『ホーネット』はサンフランシスコへ回航して、ドーリットル爆撃隊を乗せた。彼らのB-25が出撃する日、我々はドーントレスで付近の哨戒に当たっていたが、当時ドーントレスで空母に着艦した経験がある者は、この私とあとひとりだけだった。それでも操縦しやすい素直な機体だったので、1機が失敗した以外は全機無事着艦できた。当日の天候と経験不足のパイロットの技量を考えると、これは上出来だったと思う」

　ドーントレスの運用年数であるが、これは太平洋戦争の勃発により、アメリカ海軍がもともと予定していた期間よりも遙かに長いものとなった。

　1940年9月に174機のSBD-3ドーントレスが発注され、納入は1941年3月に始まり、1942年の1月に完了した。ドーントレスにはすでに、後継機として、より大きく速いヘルダイヴァーが計画されており、生産も終了するはずであったが、戦争が始まったため、開発中のヘルダイヴァーを待っているわけにはいかなくなり、ドーントレスの必要性が俄然高まって、大量の増加発注が出された［※1］。1942年3月から、ダグラスのエル・セグンド工場は、毎月追加発注の何百機ものドーントレスと陸軍向けの同型機A24バンシーを生産することになり、以後28カ月間その状態が続いた。

　開戦により、各部隊も平時体制から一夜にして戦時体制になったわけであるが、いろいろな困難があった。急降下爆撃機パイロットとして経験を積み、戦後は史学博士にもなった海軍中佐ハロルド・ビュエルは以下のように語っている。

「戦争が始まったばかりの1942年、母艦と飛行隊にはそれぞれ膨大な作戦行動マニュアルがあったが、いざ実戦になるとそれらは全く使いものにならないことが分かった。慌てて改編を始めたが次から次へと新しい手法が編み出され、いちいち印刷している暇がなく、その多くは搭乗員や甲板要員

変更された塗装仕様がよく分かる、1941年のSBD-2の編隊写真。機体は上面がブルーグレイで、下面がミディアムグレイに塗られ、LSOストライプは1本だけになっている。この編隊は「エンタープライズ」の第6爆撃飛行隊か第6偵察飛行隊と思われるが、胴体の機体番号が見えないのでよく分からない。海軍の検閲で写真から番号が消されたものらしい。

1941年10月27日の海軍記念日(Navy Day)に第6偵察飛行隊のドーントレスが「エンタープライズ」上空を飛んでいる。前頁の写真の編隊とよく似た塗装である。1年後「The Big E」(エンタープライズ)とそのドーントレス隊は南太平洋海戦で日本海軍艦載機と激しい戦闘を繰り広げ、「The Big E」は損傷してしまう。

の間で口伝されているありさまだった。

「古参兵の中には、こうした良いアイデアがせっかく考え出されても、古い手法にいつまでもこだわる者も多くおり、そういう頑固な指揮官をもった艦や飛行隊は、柔軟に対応した部隊との間に、大きな作戦行動能力の差が生まれてしまう場合もあった。こうした問題に柔軟な対応ができる指揮官をもつと、兵員ひとりひとりによい影響を与え、部隊の実戦での戦果は飛躍的に上がった。当時の記録を詳しく調べると、開戦間もない1942年の空母『エンタープライズ』など一部の空母の活躍は、単なる幸運ではなく、こうした人為的なものだったことがよく分かる。当時若い下士官だった私も、自分の目で見、自分の耳で聞いたものだけから、何が一番大切かを判断するようにしていた。自分の生死がかかっていたのだから、当時の混沌とした状況下ではそうするしかなかったのである」

訳注
※1:ドーントレス/バンシーの総生産機数は5936機に達した。

1941〜42年当時、最も経験豊富なSBDパイロットであったジェームス・「モー」・ヴォーズ大尉。ヴォーズ大尉はドーントレスが配備される以前に、カーチスSBCのパイロットとして「ホーネット」の第8爆撃飛行隊に着任した。ミッドウェイとサンタ・クルーズでSBD-2で戦った後、1943年にSB2Cヘルダイバー装備の初の第17爆撃飛行隊の隊長となっている。

chapter 2

戦いの始まり
early combat

　1941年12月7日（日本時間8日）日本軍がハワイを奇襲した当時、アメリカ軍は海軍の8つの飛行隊と、海兵隊の2つの飛行隊が、ドーントレスを装備しており、このうち2つの飛行隊を省いて全てが、ハワイの真珠湾やカルフォルニアのサンディエゴを母港とする太平洋艦隊の航空母艦「レキシントン」、「サラトガ」、「エンタープライズ」に所属していた。大西洋では空母「ヨークタウン」の飛行隊がドーントレスを装備していたが、開戦とともに急きょ太平洋に回航され、大西洋には旧式機SB2Uヴィンディケーターを装備している空母「レインジャー」と「ワスプ」が残された。

■SBDドーントレス飛行隊編成状況　1941年12月　開戦当時

海軍
第2爆撃飛行隊(VB-2)	SBD-2	16機	空母レキシントン(CV2)
第2偵察飛行隊(VS-2)	SBD-2/3	18機	同上
第3爆撃飛行隊(VB-3)	SBD-3	21機	空母サラトガ(CV3)
第3偵察飛行隊(VS-3)	SBD-3	22機	同上
第5爆撃飛行隊(VB-5)	SBD-3	19機	空母ヨークタウン(CV5)
第5偵察飛行隊(VS-5)	SBD-3	19機	同上
第6爆撃飛行隊(VB-6)	SBD-2	18機	空母エンタープライズ(CV6)
第6偵察飛行隊(VS-6)	SBD-2/3	18機	同上

海兵隊
第132海兵偵察爆撃飛行隊(VMSB-132)	SBD-1	19機	バージニア州クアンティコ
第232海兵偵察爆撃飛行隊(VMSB-232)	SBD-1/2	22機	ハワイ島イーワ

合計 192機

真珠湾
'Pearl'

　ドーントレスは、数あるアメリカ軍機の中でも、太平洋戦争を初日から終戦まで戦い抜いた数少ない機体のひとつである。戦いの初日となった1941年12月7日の朝、ドーントレスを載せた空母「エンタープライズ」は、ウェーキ島の海兵隊にF4Fワイルドキャットを届けた帰路にあり、ハワイ諸島カウラ南西120kmの地点で哨戒用にドーントレスを発艦させていた。第8艦隊のウィリアム・ハルゼー海軍中将は11月28日から、すでに厳重な臨戦体制を敷いており、この日も真珠湾に帰投する「The Big E」（空母エンタープライズ）の行く手、北東から北西にかけて9地区を、18機のドーントレス（偵察飛行隊13機、爆撃飛行隊4機、指揮官機1機）で哨戒任務に当たらせていたのだ。

　真珠湾の西で、ハワード・ヤング少佐と、僚機のペリー・ティフ少尉は、イーワの海兵隊施設群上空に航空隊規模の編隊が飛んでいるのに気が付い

「エンタープライズ」の甲板上に並ぶSBD-2とSBD-3。開戦直後のマーキング変更の慌しさがうかがい知れる一コマであり、ラダーに赤白のストライプが残っている機体もあれば、青く塗りつぶされているものもある。国籍マークは両翼に付くようになったが、大きさに大小があり、大きいものは翼弦長いっぱいに描かれ、フラップにまでかかっている。また、1機（B-3）は大小両方のマークがついている。

標準塗装と異なり、マーキングがまちまちになっている「エンタープライズ」の第6偵察飛行隊のSBD-3と、第6爆撃飛行隊のSBD-2。手前の機体、シュガー4（S-4）は胴体の国籍マークが塗りつぶされている。他の機体は、戦前の小さなマークか、戦時用の大きなマークが描かれている。垂直尾翼のLSOストライプも、「The Big E」（エンタープライズ）の機体はまちまちで、太いストライプ1本のものが多い中、舷側2番目のベイカー9（B-9）は2本線になっている。なお、この写真では爆装もまちまちで、中央に1発だけの機体もあれば、両翼に100ポンド（45kg）弾を取り付けているものもある。

た。眺めていると1機の単発機がこちらに向かって離脱し、ティフ少尉機の後方75フィート（23m）まで急接近してきた。陸軍機がふざけてからかいに来たものとばかり思っていると、いきなり銃撃され、機体が7.7mm機銃弾に貫かれた。慌てて周りを見まわすと、地上の対空砲火が一斉に、上空を飛ぶ飛行機全てに対して無差別に射撃を始めている。信じられない眺めであったが、ハワイで遂に戦争が始まったのだ。

　ティフ少尉とヤング少佐は編隊を崩さずに、零戦の銃撃を逃れつつ、主にティフ機が後部機銃で応戦していると、程なく敵機は他の標的を目指し離れて行った。両機はその後、日本軍機の攻撃と、友軍の対空砲火の誤射をかいくぐり、なんとか真珠湾内のフォード島飛行場に着陸することができた。

　基地にうまく着陸できた彼らは運がよかった方で、他の隊員たちは悲惨な最期を遂げた者が多かった。

1942年初頭、500ポンド（225kg）爆弾を装備したSBD-3が発進しようとしている。戦時中は、海が荒れ、雨で甲板が滑りやすくなっても、作戦は計画通りに決行されていた。

1942年2月1日、ギルバート諸島攻撃のため、第6爆撃飛行隊が出撃しようとしている。「エンタープライズ」からの第1波は36機が夜明け前に出撃し、クエゼリン環礁を爆撃した。その後、タロア島へも2回、それぞれ13機と9機のドーントレスが出撃し、さらにウオトジェ環礁にも8機が出撃している。この日1日で攻撃対象は66カ所に達したが、「エンタープライズ」は6機を失い、そのうちの5機がドーントレスであった。3機は九六艦戦に撃墜されており、ワイルドキャットの護衛が少なすぎたことが原因とされている。

「エンタープライズ」のある通信士は、司令部が日本軍の攻撃に気づく直前に、「俺たちは6-B-3、アメリカ軍機だ！ 撃つな、撃つのを止めろ！！」とマニュエル・ゴンザレス少尉が無線で絶叫しているのを傍受した。空母「翔鶴」と「瑞鶴」から発進した九九艦爆に攻撃されていたのだ。ゴンザレス少尉は撃墜され、銃手のレオナルド・コゼレクに救命筏を広げるように指示しているのが確認されたが、両名とも行方不明となってしまった。

ジョン・フォークト・ジュニア少尉と銃手のシドニー・ピアスのドーントレスは、隊長のホルステッド・ホッピング少佐機とはぐれてしまい、零戦に撃墜されたらしく、後にイーワの近くで両名の遺体とともに機体番号6-S-3の残骸が発見された。

第6偵察飛行隊の第7セクター偵察チームも機体と搭乗員を失ってしまった。クラレンス・ディキンソン大尉とジョン・マッカーシー少尉のドーントレスの2機編隊は、地上から立ちのぼる黒煙と対空砲火や爆弾の炸裂音を不思議に思い、事態を把握するためにともに機首をバーバーズ・ポイントへ向けた。すると高度1200mで数機の零戦が襲いかかってきて、まずマッカーシー少尉機が被弾し、撃墜されてしまった。少尉は高度60mで脱出、パラシュート降下したが着地で足を折ってしまった。ディキンソン大尉機は5機の零戦に急襲され、反撃を試みたがすぐに被弾し機体が火を噴いてしまい、パラシュートで脱出した。マッカーシー少尉とディキンソン大尉は一命を取りとめたが、両機の銃手は戦死してしまった。

フランク・パトリアルカ大尉の偵察チームも、同じ具合に日本軍機に攻撃され、オアフ島南岸で、ウォルター・ウイリス少尉と銃手のFJ・デュコロン兵曹搭乗の僚機が撃墜され行方不明となっている。

「エンタープライズ」の他の偵察チームは、基地に無事たどり着く寸前で、パニックで気が狂ったように機関銃を撃ちまくっていたアメリカ陸軍の銃弾を浴びてしまった。ウィーバー要塞上空に差しかかった2機のドーントレスは、地上から友軍の機関銃で銃撃され、第6偵察飛行隊のエドワード・ディーコン少尉とその銃手は負傷し、機体は穴だらけとなり、エンジンも撃ち抜かれて止まってしまい、付近の海岸に胴体着陸をした。僚機であった第6爆撃飛行隊のウィルバー・ロバーツ少尉機は、何とかヒッカム飛行場に着陸できたが、機体は友軍の機銃弾で

穴だらけになっていた。

　この日、5機のドーントレスが日本軍機により撃墜され、1機が友軍の誤射で撃墜されていた。戦死した搭乗員は、パイロットが3名、後席の銃手が5名、この他負傷者はパイロットが2名と、銃手が1名であった。

　無傷で残ったドーントレスは全部で13機で、このうち10機がホッピング少佐の指揮するフォード島基地に集まっていた。少佐はただちに全機を北方へ偵察へ向かわせたが、日本の機動部隊はすでに北西へ去りつつあり、3時間の捜索にもかかわらず、その痕跡も発見することはできなかった。

　この12月7日の真珠湾で生き残った搭乗員たちも、その後に続く激しい戦いの中で次々と命を落としていった。1942年だけでも、その後4人のパイロットと5人の銃手が戦死している。フォード島で指揮をとったホッピング少佐もそのひとりであり、また、マーカス島でひとりが捕虜となり、2人が負傷している。

　太平洋戦争の全期間を通してみると、この日曜日の開戦の日に「エンタープライズ」から発艦したドーントレス搭乗員36名のうち、終戦までに17名が戦死し、7名が負傷もしくは捕虜となっており、戦死傷率は実に75%という慄然たる数字となる。

奇襲攻撃
Hit and Run

　1942年の2月と3月に、太平洋艦隊空母は、日本が占領している島々に何度か奇襲攻撃を試み、2月1日の日曜日にはギルバート諸島とマーシャル諸島の両方に同時攻撃をかけている。

　ハルゼー海軍中将は攻撃目標をロイ島とクエゼリン環礁とし、2月1日の夜明け前、空母「エンタープライズ」から攻撃隊を発進させた。攻撃隊の指揮官ハワード・ヤングは、59日前に真珠湾で航空戦を戦ったばかりであった。

　ロイ島には、ハルステッド・ホッピング少佐が率いる第6偵察飛行隊のドーントレスが攻撃に向かい、少佐は敵飛行場めがけて降下したが、基地防衛隊に気づかれ、迎撃に飛び上がってきた軽快な九六艦戦に撃墜され、海に墜落してしまった。この他に2機が九六艦戦に撃ち落とされ、敵飛行場にはごく軽微なダ

2月1日、ハルゼー中将が「エンタープライズ」でギルバート島を攻撃した同じ日、フレッチャー少将も「ヨークタウン」で、マーシャル諸島の他の地域、ヤルート環礁、マキン島、ミレ島を攻撃した。作戦は悪天候と飛行隊の燃料切れにより、ほとんど戦果をあげられないまま8機を失うという結果になった。この写真は当日の「ヨークタウン」のもので、「出撃準備」の号令のもと。甲板要員が車輪止めや索張具を慌ただしく取り外している。

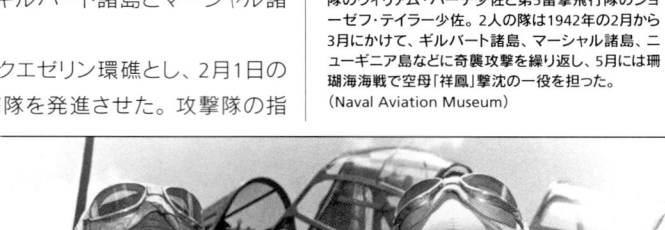

「ヨークタウン」飛行隊の2人の隊長、第5偵察飛行隊のウィリアム・バーチ少佐と第5雷撃飛行隊のジョーゼフ・テイラー少佐。2人の隊は1942年の2月から3月にかけて、ギルバート諸島、マーシャル諸島、ニューギニア島などに奇襲攻撃を繰り返し、5月には珊瑚海海戦で空母「祥鳳」撃沈の一役を担った。
(Naval Aviation Museum)

メージしか与えられなかった。

　一方、クエゼリン環礁にはW・ホリングワース少佐の率いる第6爆撃飛行隊が攻撃に向かった。クエゼリンには、ウェーキ島のアメリカ軍海兵隊基地を爆撃した日本軍航空隊の基地があり、500ポンド（225kg）爆弾と100ポンド（45kg）爆弾を搭載する第6爆撃飛行隊は、まず軽空母「香取」を爆撃し、反転して飛行場の格納庫や設備を爆撃した。この戦闘中、ドハティ少尉とその通信員W・ハントの乗る機が、日本軍戦闘機に撃墜されてしまった。一方、第2戦闘飛行隊（VF-2）出身のリチャード・ベスト大尉は、2機の九六艦戦の迎撃を振り切る活躍をして帰還したが、艦爆に対する戦闘機の実力を知り抜いているこのベテランパイロットは、「たまたま敵が簡単に諦めてくれただけだ」という冷静な報告を残している。

　この作戦を終え帰投する途中、「エンタープライズ」は5機の一式陸攻に襲撃された。そのうちの1機は甲板に体当たりしようとしたが、エンタープライズの回避運動と甲板要員ブルーノ・ゲイドの活躍により、かろうじてニアミスに終わった。ゲイドは、駐機していたドートレスの後部銃座に飛び乗り、突進してくる一式陸攻めがけてその機銃を撃ち続けていたが、突っ込んできた敵機の主翼がゲイドの乗り込んだ機の胴体をまっぷたつにし、あたり一面にガソリンが飛び散り火の海となってしまった。ゲイドは無事であったが、その勇敢な行動が認められ、後に正式搭乗員として推薦され採用された。一方、フランク・フレッチャー海軍少将が指揮する空母「ヨークタウン」からは、ギルバート諸島に展開する日本軍攻撃に第5偵察飛行隊と第5爆撃飛行隊が向かったが、戦果らしい戦果をあげることができなかった上、8機もが未帰還機となり失われてしまった。そのほとんどは燃料切れによる不時着水と考えられている。

　この作戦で、C・スマイリー中佐指揮の第5爆撃飛行隊の16機はヤルートに向かったが、現地は密雲が危険なほど低く垂れ込める悪天候で、日本軍を発見することができず、むなしく引き返すほかなかった。

　ウィリアム・バーチ少佐指揮の第5偵察飛行隊の9機はマキン島に向かい、彼の副官ウォレス・ショート隊は5機でミリ島に向かった。バーチ少佐隊の戦果は係留してあった飛行艇を2機破壊したのみで、ショ

ドートレスの主翼は折りたたみ式ではなかったが、全幅12.3mの機体は標準的な空母の昇降甲板に余裕をもって納まった。写真は「エンタープライズ」の第6爆撃飛行隊のB-3番機で、1942年2月24日のウェーキ島攻撃のため、格納庫から甲板に上がってくるところである。パイロットがコクピットでブレーキを操作し、甲板要員が機体を押す準備をしている。

格納庫要員が、取り付けた500ポンド（225kg）爆弾の固定器をチェックしている。爆弾は手動ジャッキで持ち上げるが、その前に信管（接触型か遅延型）を取りつけておく。

ート隊に至っては全く戦果なしの上、燃料が尽き墜落寸前での帰艦となった。何機かの燃料はたったの2ガロン（7.5リッター）しか残っていなかったという。

「エンタープライズ」は2月24日に戦列に復帰し、日本軍が新しく占領したウェーキ島を攻撃した。第6爆撃飛行隊は飛行場を爆撃し、サンゴ礁内に係留してあった飛行艇2機も撃破したが、偵察隊から攻撃に加わったドーントレスの1機が対空砲火により撃墜されてしまった。その後3月4日にマーカス島への早暁攻撃が行われたが、これも期待はずれなものに終わってしまった。追い風のため攻撃目標地点に早く着き過ぎてしまい、攻撃は照明弾と月明かりを頼りに使って行われ、建物と滑走路を爆撃したのみで終わり、しかも第6偵察飛行隊の1機が対空砲火で撃墜され失われてしまった。

3月10日には、空母「レキシントン」と「ヨークタウン」がニューギニアのラエとサラマウを攻撃したが、これはアメリカ海軍にとって初めての、空母2隻を投じる作戦であった。2隻の艦載機合わせて104機の大編隊が、島の南

ウェーキ島初攻撃に向かって、先頭を切って出撃する「エンタープライズ」のハワード・ヤング航空群司令の搭乗機。主翼にGCと書かれておりそれと判る。日本軍はアメリカの統治領を占領したが、60日後以降はアメリカ軍艦載機の攻撃に繰り返しさらされることになった。なおヤング司令はこの後しばらくして墜落事故で死亡している。

前方の空母は、東京空襲へ向かうドーリットル爆撃隊とそのB-25ミッチェルを乗せた「ホーネット」。手前の甲板は「エンタープライズ」のもので、この後、第6偵察飛行隊と、「サラトガ」の第3爆撃飛行隊を発進させ、付近の哨戒にあたる。1942年4月中旬のことで、初めての敵水域内での戦闘行動となった。「ホーネット」の艦載機は、真珠湾へ帰投する際に対潜哨戒任務に就き、その後ミッドウェイ海戦までの2カ月間、実際の戦闘に参加することはなかった。

カラー塗装図
colour plates

解説は97頁から

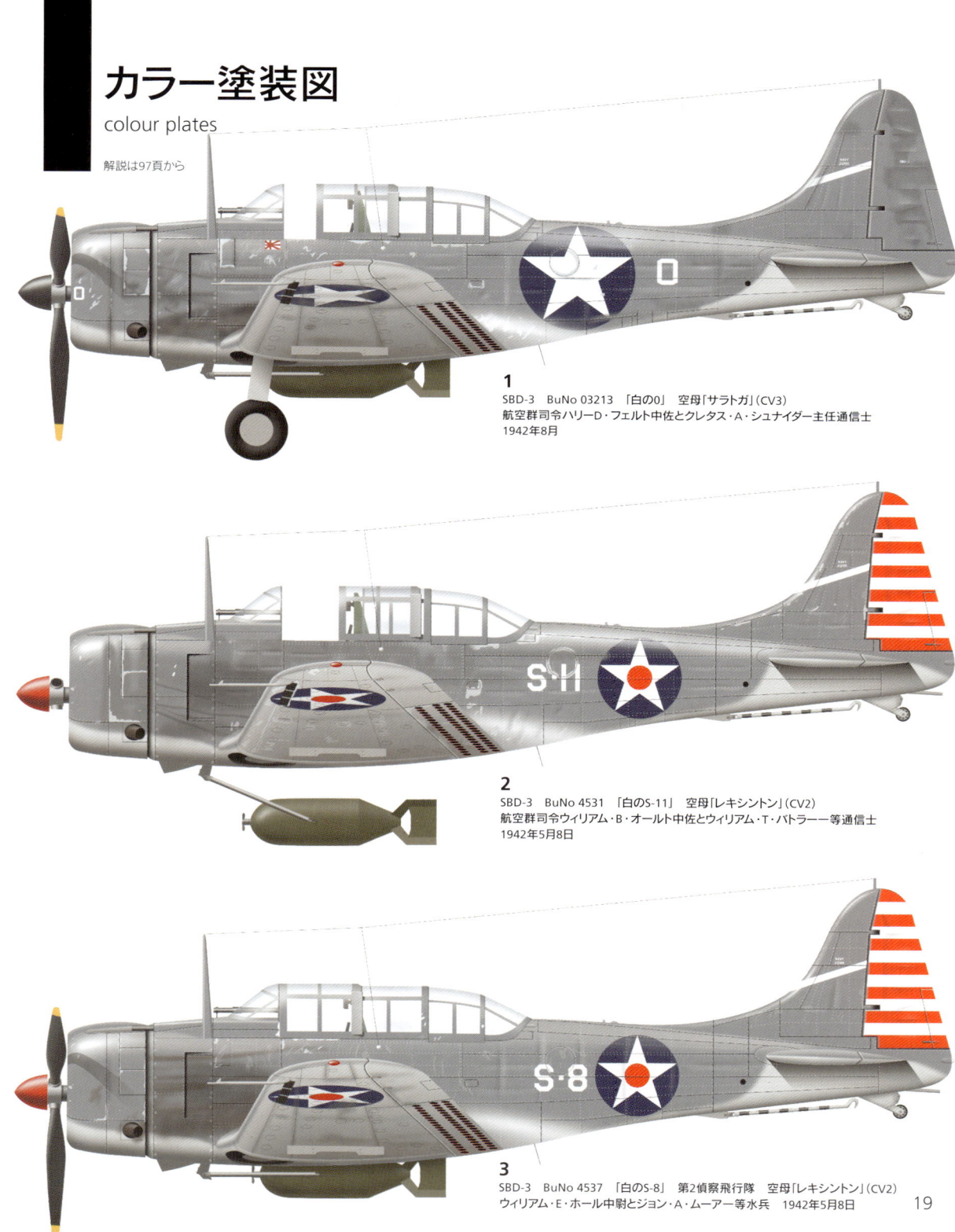

1
SBD-3　BuNo 03213　「白の0」　空母「サラトガ」(CV3)
航空群司令ハリーD・フェルト中佐とクレタス・A・シュナイダー主任通信士
1942年8月

2
SBD-3　BuNo 4531　「白のS-11」　空母「レキシントン」(CV2)
航空群司令ウィリアム・B・オールト中佐とウィリアム・T・バトラー一等通信士
1942年5月8日

3
SBD-3　BuNo 4537　「白のS-8」　第2偵察飛行隊　空母「レキシントン」(CV2)
ウィリアム・E・ホール中尉とジョン・A・ムーアー等水兵　1942年5月8日

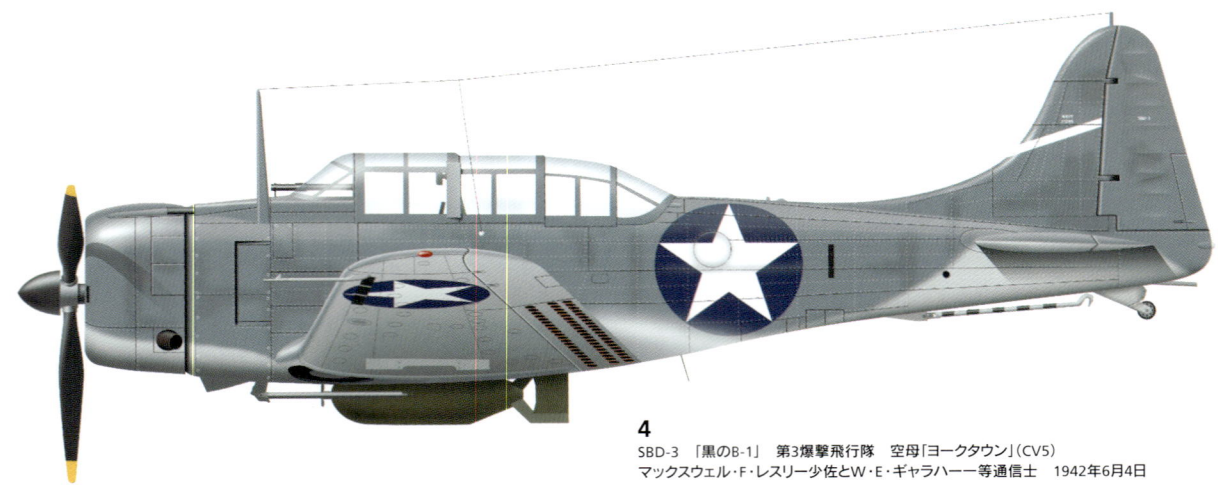

4
SBD-3 「黒のB-1」 第3爆撃飛行隊 空母「ヨークタウン」(CV5)
マックスウェル・F・レスリー少佐とW・E・ギャラハー一等通信士　1942年6月4日

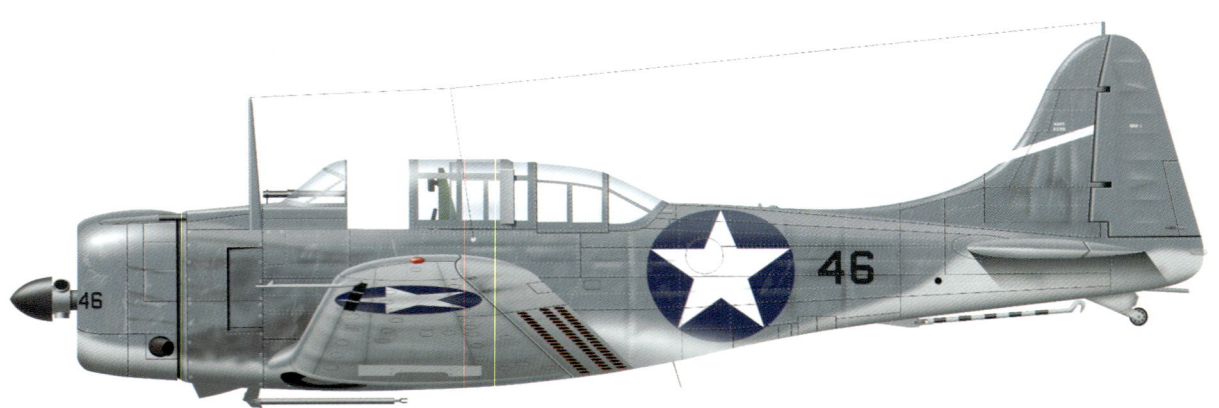

5
SBD-3 「黒のB-46」 第3爆撃飛行隊 空母「サラトガ」(CV3)
ロバート・M・エルダー中尉とL・A・ティルニ二等通信士　1942年8月24日

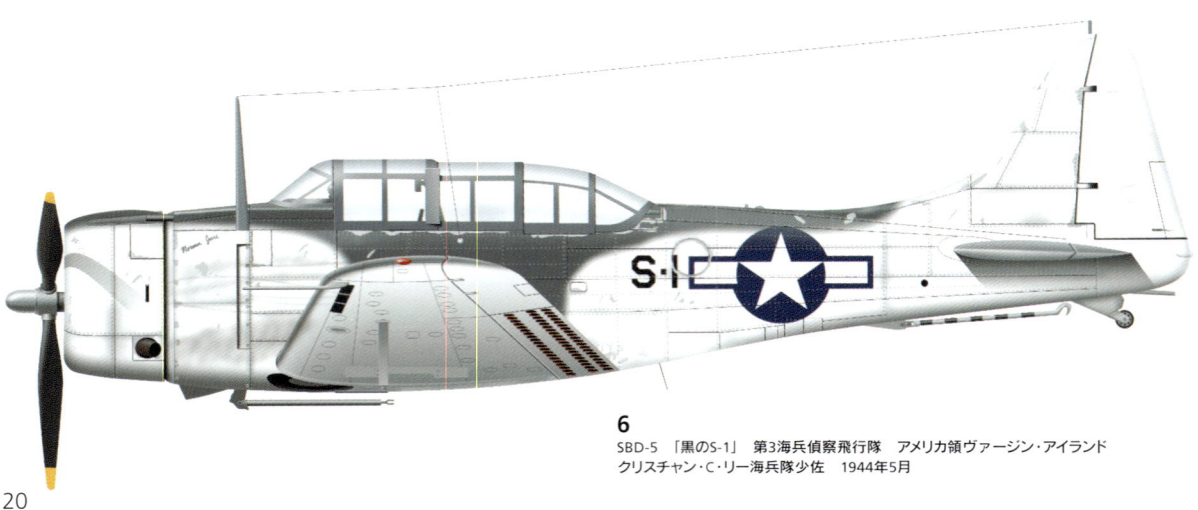

6
SBD-5 「黒のS-1」 第3海兵偵察飛行隊 アメリカ領ヴァージン・アイランド
クリスチャン・C・リー海兵隊少佐　1944年5月

7
SBD-3　BuNo 2132　「黒の16」　第5爆撃飛行隊　空母「ヨークタウン」(CV5)
デイヴィス・E・チャフィー少尉とジョン・A・カッセルマン一等水兵　1942年5月8日

8
SBD-3　BuNo 4690　「黒のS-10」　第5偵察飛行隊　空母「ヨークタウン」(CV5)
スタンレイ・W・ベジタサ中尉とフランク・B・ウッド三等通信士　1942年5月8日

9
SBD-3　「黒の17」　第5偵察飛行隊　空母「ヨークタウン」(CV5)
レイフ・ラーセン少尉とジョン・F・ガーナー通信士　1942年6月

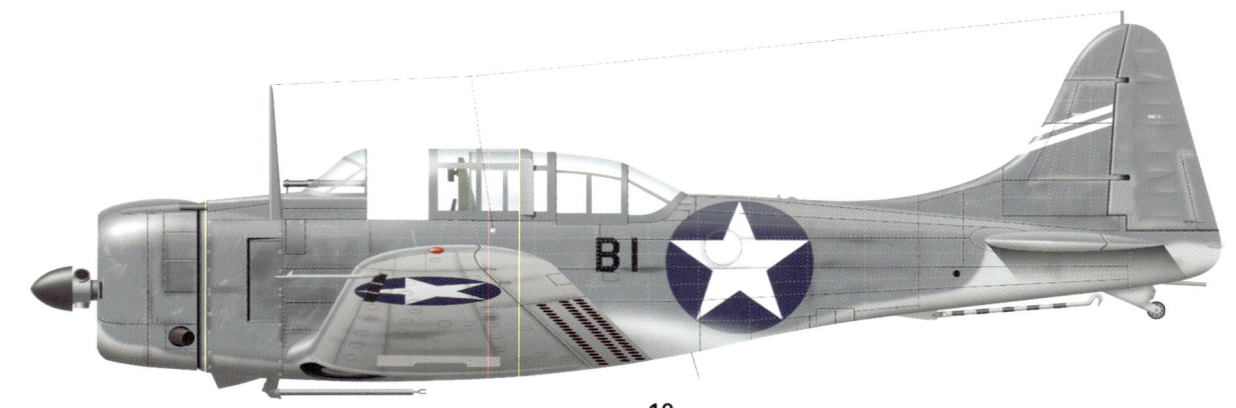

10
SBD-3　BuNo 4687　「黒のB-1」　第6爆撃飛行隊
空母「エンタープライズ」(CV6)
リチャード・H・ベスト大尉とジェイムズ・F・マーレイ主任通信士　1942年6月4日

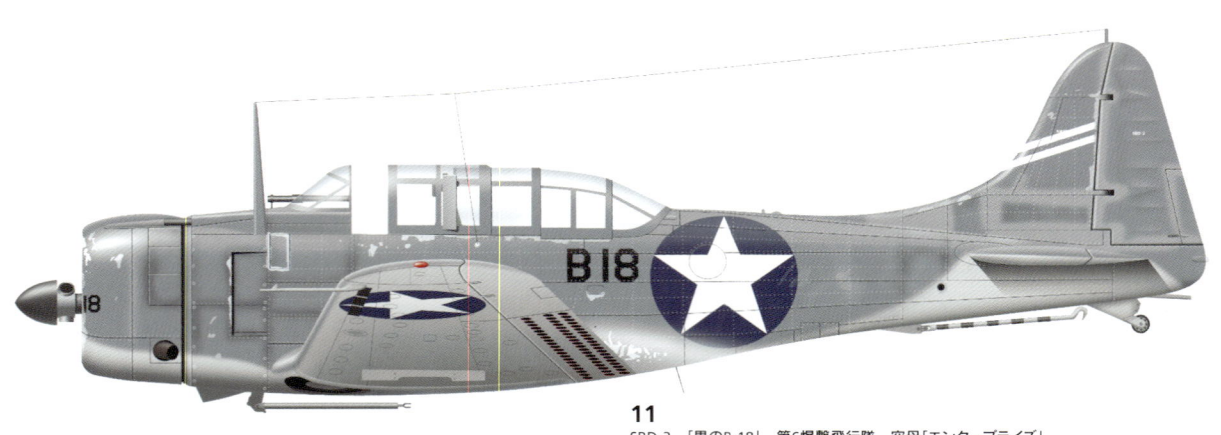

11
SBD-3　「黒のB-18」　第6爆撃飛行隊　空母「エンタープライズ」
ロバート・C・ショウ少尉とハロルド・L・ジョーンズ二等通信士　1942年8月8日

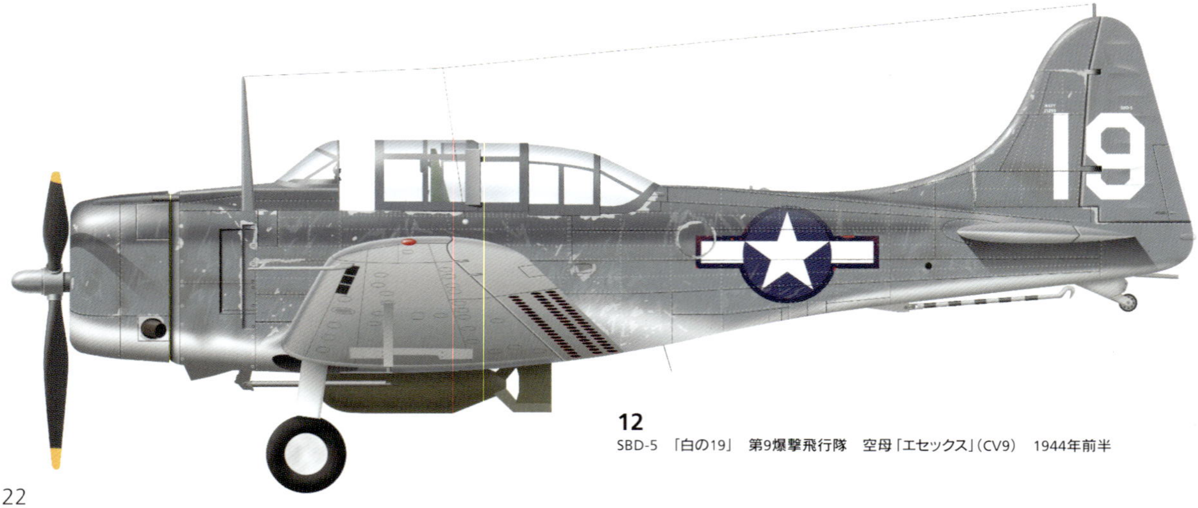

12
SBD-5　「白の19」　第9爆撃飛行隊　空母「エセックス」(CV9)　1944年前半

13
SBD-3　「黒のS4」　第6偵察飛行隊　空母「エンタープライズ」
1942年2月

14
SBD-3　BuNo 06492　「黒のS-13」　第10偵察飛行隊
空母「エンタープライズ」
ストックトン・B・ストロング大尉とクラレンス・H・ガーロウ等通信士
1942年10月26日

15
SBD-3　「白のB-16」　第11爆撃飛行隊　ガダルカナル島
エドウィン・ウィルソン中尉とハリー・ジェスパーセン二等通信士
1943年夏

16
SBD-5 「白の39」 第16爆撃飛行隊　空母「レキシントン」(CV16)
クック・クレランド大尉とウィリアム・J・ヒスラー二等通信士　1944年6月

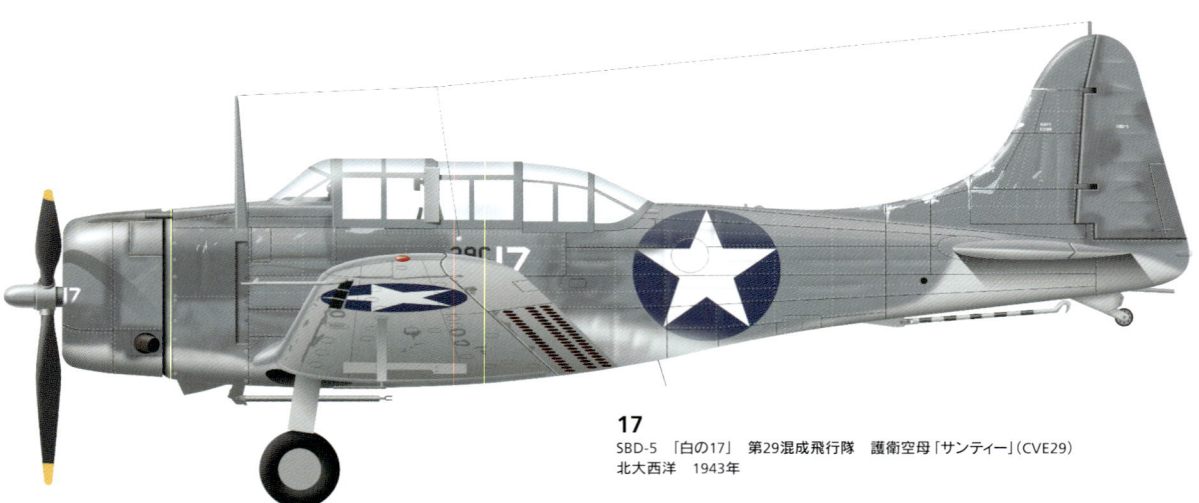

17
SBD-5 「白の17」 第29混成飛行隊　護衛空母「サンティー」(CVE29)
北大西洋　1943年

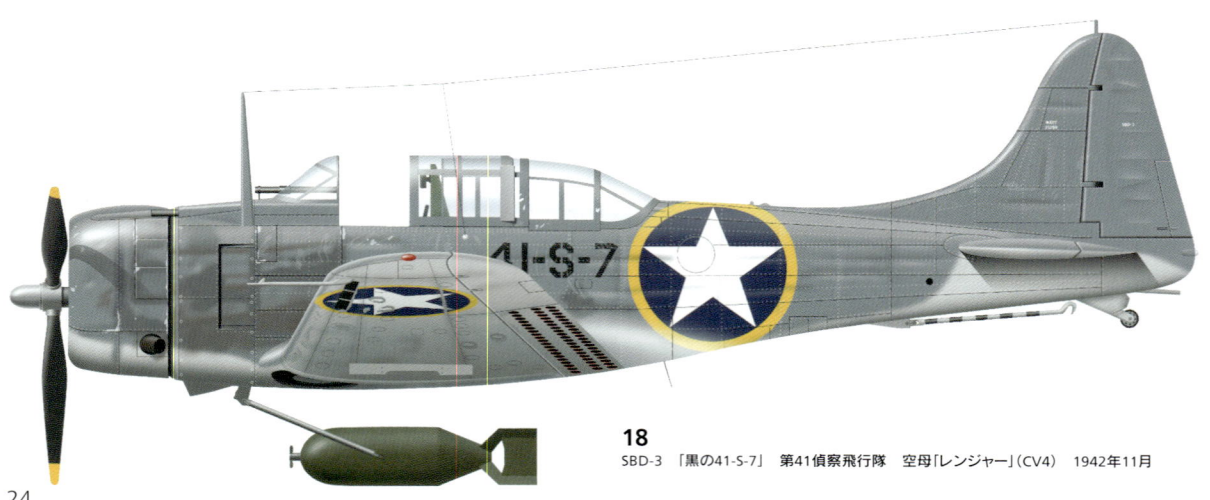

18
SBD-3 「黒の41-S-7」 第41偵察飛行隊　空母「レンジャー」(CV4)　1942年11月

19
SBD-5 「黒の108」 第51偵察飛行隊 サモア島ツツイラ 1944年5月

20
SBD-3 BuNo 03315 「黒の16」 第71偵察飛行隊
空母「ワスプ」(CV7) 1942年8月

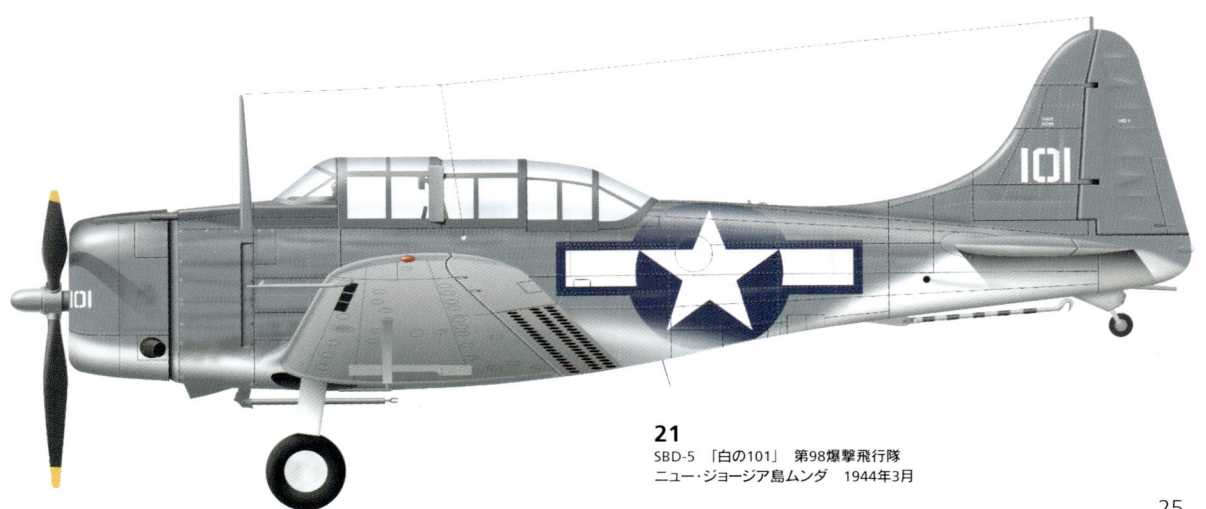

21
SBD-5 「白の101」 第98爆撃飛行隊
ニュー・ジョージア島ムンダ 1944年3月

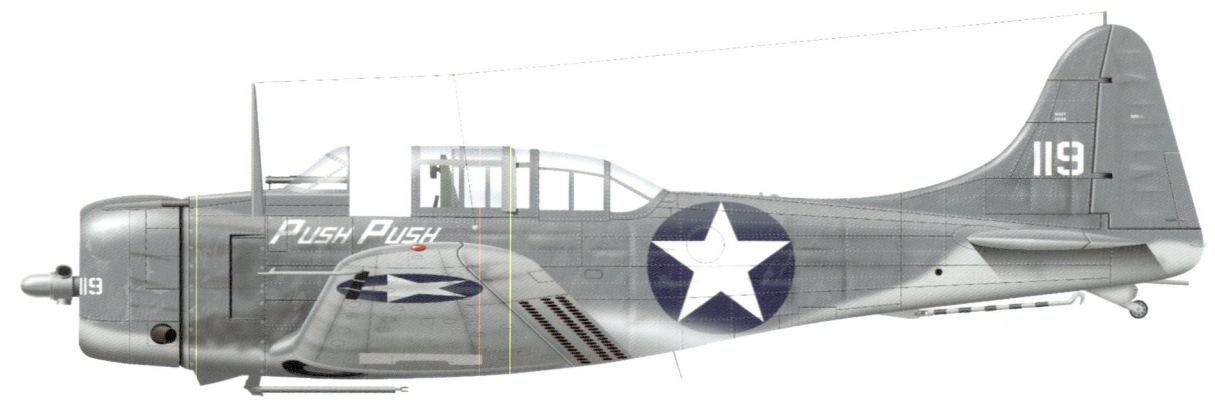

22
SBD-4/5 「白の119/Push Push」 第144海兵偵察爆撃飛行隊
フランク・E・ホラー海兵隊少佐　ソロモン諸島　1943年11月

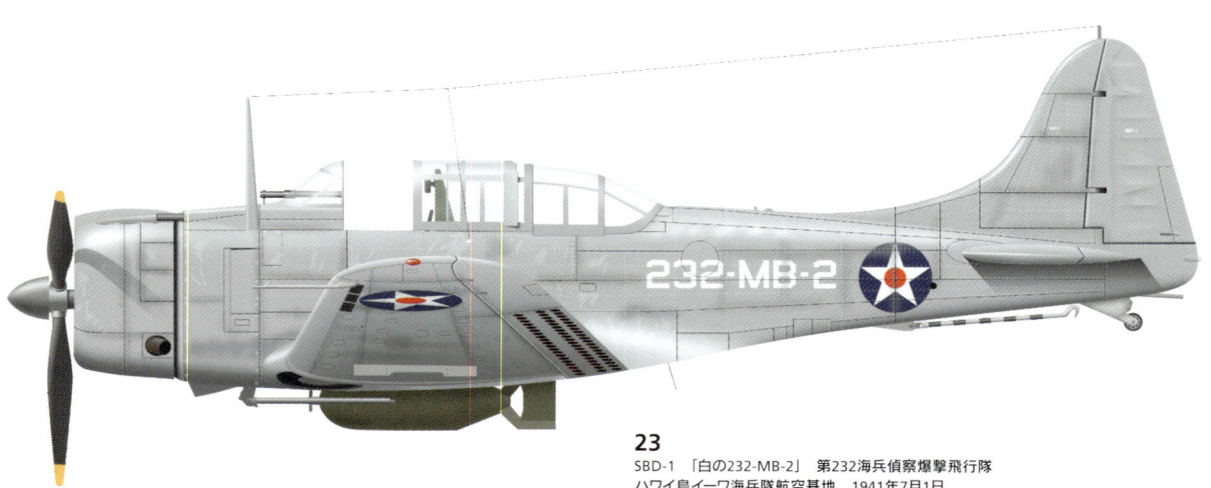

23
SBD-1 「白の232-MB-2」 第232海兵偵察爆撃飛行隊
ハワイ島イーワ海兵隊航空基地　1941年7月1日

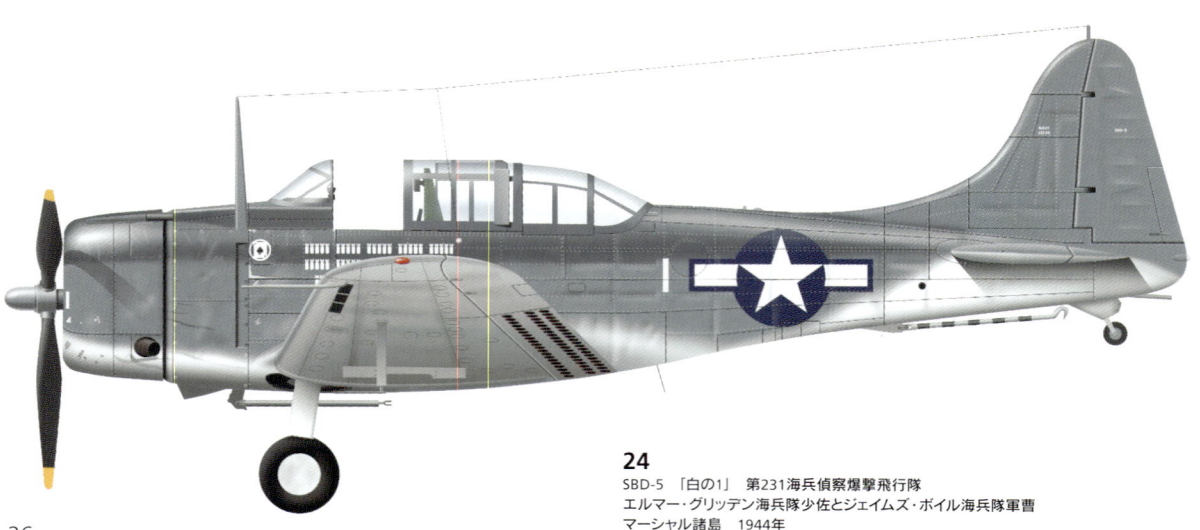

24
SBD-5 「白の1」 第231海兵偵察爆撃飛行隊
エルマー・グリッデン海兵隊少佐とジェイムズ・ボイル海兵隊軍曹
マーシャル諸島　1944年

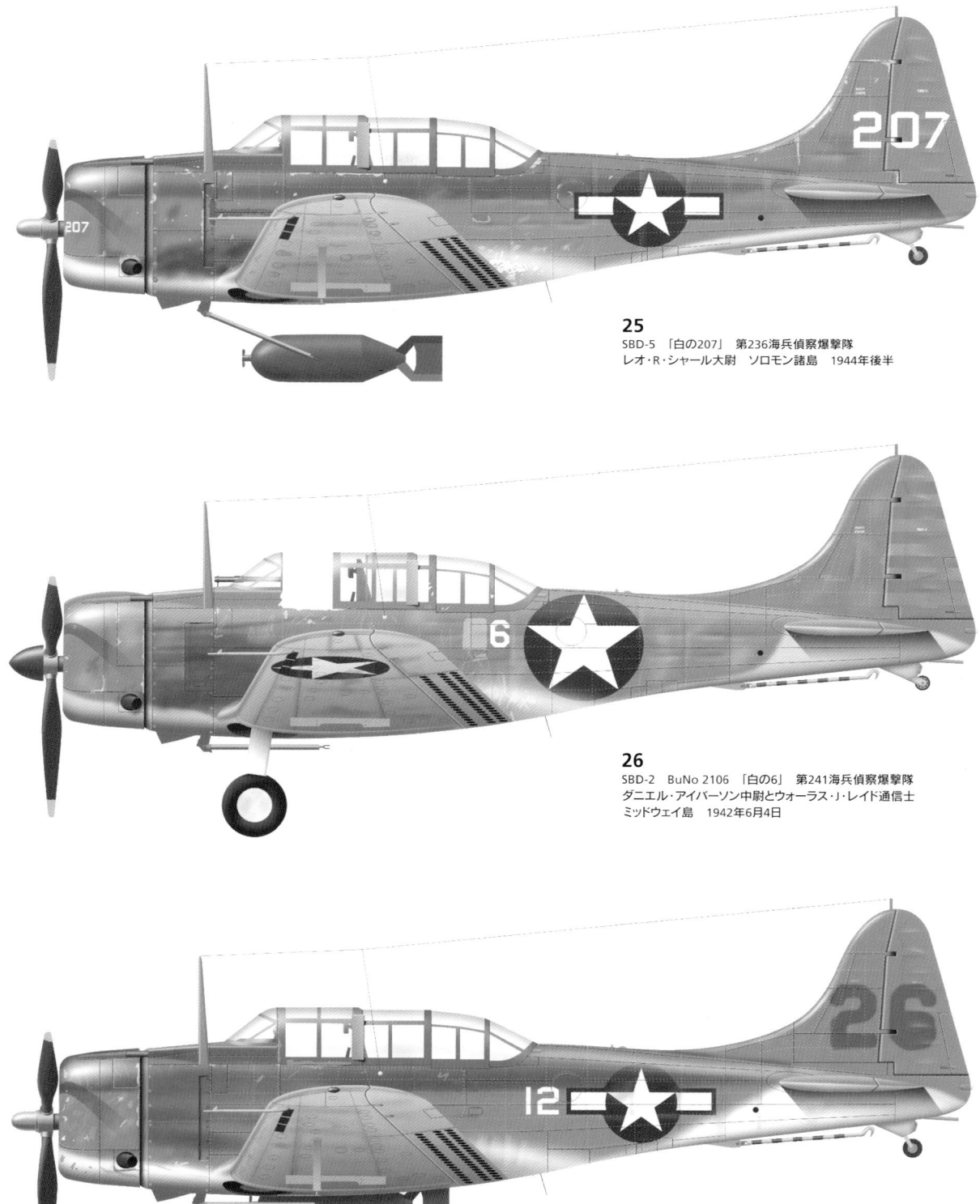

25
SBD-5 「白の207」 第236海兵偵察爆撃隊
レオ・R・シャール大尉　ソロモン諸島　1944年後半

26
SBD-2　BuNo 2106　「白の6」　第241海兵偵察爆撃隊
ダニエル・アイバーソン中尉とウォーラス・J・レイド通信士
ミッドウェイ島　1942年6月4日

27
SBD-5　「白の12」　第331海兵偵察爆撃隊
マジューロ環礁　1944年6月

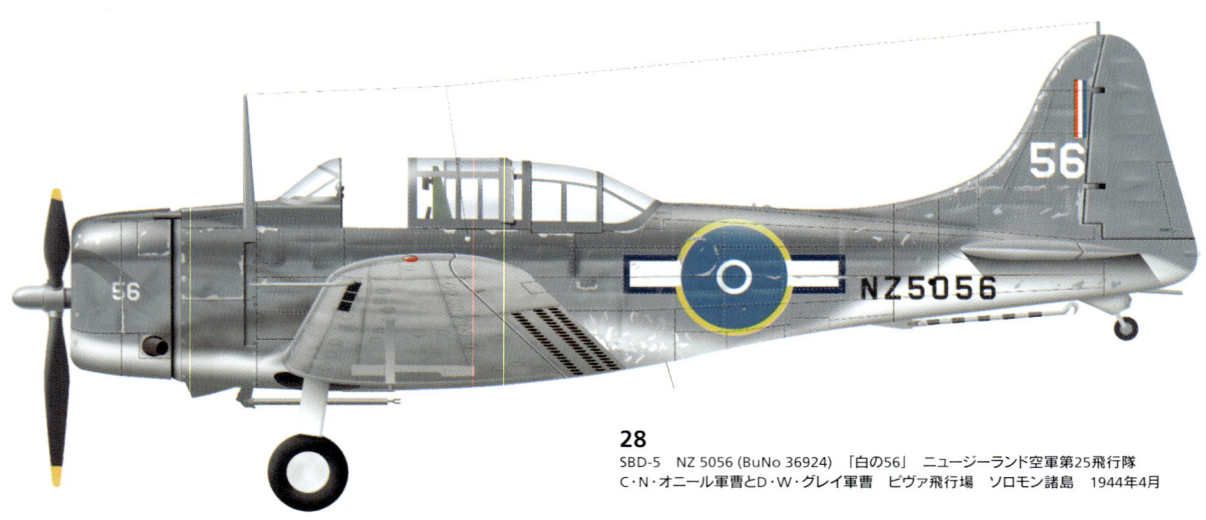

28
SBD-5　NZ 5056 (BuNo 36924)　「白の56」　ニュージーランド空軍第25飛行隊
C・N・オニール軍曹とD・W・グレイ軍曹　ピヴァ飛行場　ソロモン諸島　1944年4月

29
SBD-5　4FB飛行隊　フランス海軍航空隊　南フランス　1944年後期

30
A-24B　GC I/18「ヴァンデ」　フランス　1944年後期

乗員の軍装
figure plates

3
ジェイムズ・D・「ジグ・ドッグ」・ラメイジ大尉
第10爆撃飛行隊
空母「エンタープライズ」(CV6)
中部太平洋　1943年後期

1
エルマー・G・「アイアン・マン」・グリッデン海兵隊少佐
第231海兵偵察爆撃飛行隊隊長
中部太平洋マジュロ環礁　1944年6月

2
ジェイムズ・M・「モー」・ヴォーズ大尉
第8爆撃飛行隊　空母「ホーネット」(CV8)
ソロモン諸島　1942年10月

岸わずか45マイル（72km）から発艦しパプア半島から、標高13000フィート（3900m）のオーウェン・スタンレー山脈を越えるコースを取った。山に妨害されてしまう、母艦との通信は「レキシントン」のウィリアム・オールト中佐のドーントレスが、深さ7000フィート（2400m）のラケカム川渓谷上空を旋回し、通信情報を攻撃隊に中継した。

　ドーントレスの爆撃と、デヴァステーターの雷撃による戦果は、魚雷の性能が悪かったにもかかわらず、輸送船3隻撃沈のほか、数隻に命中弾を当てるという満足できるものであった。

　こうした初期の戦闘は、第1世代ともいえる艦載機搭乗員たちにとって非常に有効な経験になるとともに、装備の実戦評価を検証するよい機会にもなった。

chapter 3

珊瑚海とミッドウェイ海戦
coral sea and midway

　1942年の5月と6月に、アメリカ海軍と日本海軍が二度海戦を交えたが、これは史上初の航空母艦同士の対決となり、両海軍が20年にわたり研究

空母「ヨークタウン」のドーントレスが、尾輪を甲板から張り出したアウトリガーの溝に入れ、駐機しようとしている。狭い甲板を少しでも有効に使おうという工夫であった。珊瑚海海戦の3日前に撮られた写真である。

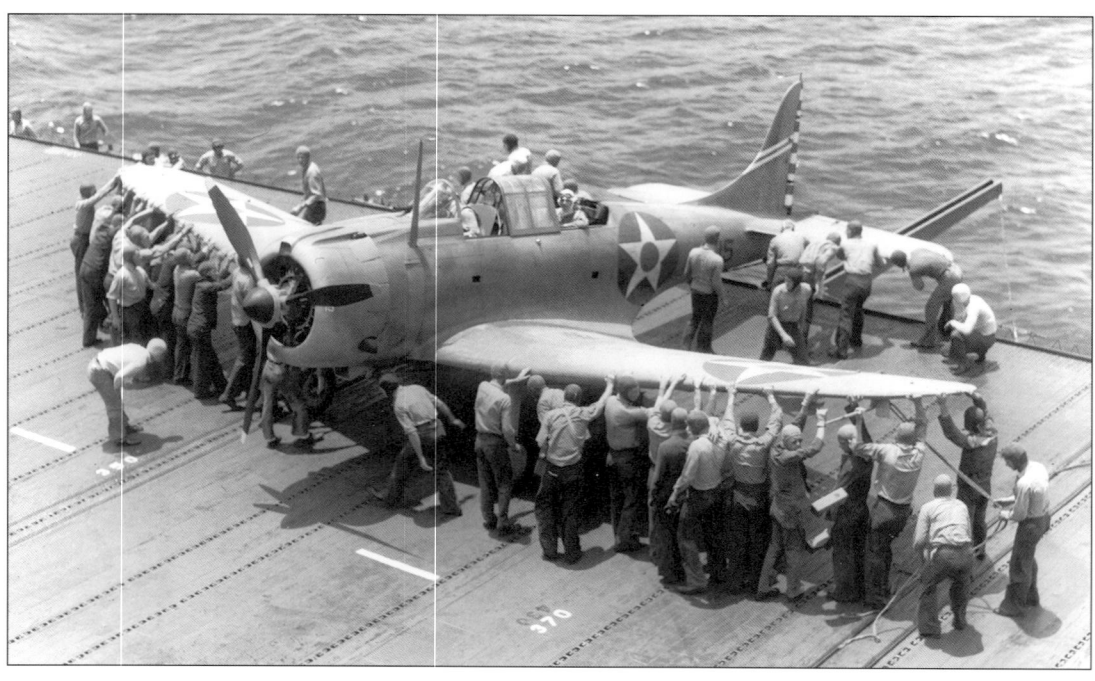

1942年5月8日、珊瑚海で空母「翔鶴」が「レキシントン」と「ヨークタウン」から出撃した飛行隊の攻撃を受けている。ドーントレスは20000トンのこの空母に直撃弾4発を与えたが、沈没には至らなかった。ただし損傷が激しく、30日後のミッドウェイ海戦には同行できなかった。この日「翔鶴」と「瑞鶴」の飛行隊は「レキシントン」を撃沈し、「ヨークタウン」にも損害を与えている。

「ヨークタウン」の第5爆撃飛行隊（VB-5）の隊長ウォーラス・ショート大尉（前列左端）は、VB-5を率いて珊瑚海とミッドウェイの両方の戦闘に参加している。5月7〜8日の珊瑚海で戦い、かつミッドウェイでも戦ったというのは、「ヨークタウン」の飛行隊の中では、ショート大尉のVB-5だけである。ややこしい話だが、ミッドウェイ海戦では「ヨークタウン」の第5偵察飛行隊（VS-5）はミッドウェイ島に移動しており、ショート大尉のVB-5が一時的にVS-5とされ、機数の不足は「サラトガ」からやって来たVB-3が補っていた。この部隊番号の入れ替わり劇は、半世紀もの間、戦史家がよく誤解する難問となっていた。

を続けた用兵思想と技術力の成果が、ここに戦果として現れることになったのである。

　アメリカにとってこの海戦は、ニューギニアのポートモレスビーと、ミッドウェイ環礁を日本軍の侵攻から守る、戦略的にも重要な戦いであった。

■珊瑚海海戦
Coral Sea

　日本軍のポートモレスビー攻略作戦は、攻撃と上陸部隊支援の2つの機動部隊が用意され、攻撃を担う部隊は、真珠湾奇襲で経験をつんだ空母「翔鶴」と「瑞鶴」を擁し、支援を担当する部隊は軽空母「祥鳳」が割り当てられていた。

　日本軍の作戦通りポートモレスビーが陥落すれば、オーストラリア北部全体が危険にさらされることになり、連合国としてはなんとしてもこれを防衛しなければならなかった。日本の企みを阻止するため、アメリカ太平洋艦隊は、真珠湾の戦艦の修理復帰を待たずに、空母「レキシントン」と「ヨークタウン」を南方へ急派した。

　5月4日、「ヨークタウン」の第5偵察飛行隊隊長ウィリアム・バーチ少佐は、編隊を率いてツラギの日本軍投錨地を攻撃したが、一日の間に三度も出撃を繰り返した。「ヨークタウン」の甲板要員たちの素早い整備作業のおかげで、バーチ少佐は攻撃から帰還し戦果を上官のバックマスター大佐に報告すると、コーヒーを飲む暇もなく再び発艦し攻撃に向かった。その日の戦果は駆逐艦1隻と輸送船数隻の撃沈であった。

　3日後の5月7日、バーチ少佐の第5偵察飛行隊は、初の日本海軍航空母艦攻撃に参加することとなった。この作戦には空母「ヨークタウン」と「レキシントン」から合わせて93機が出撃したが、その数は標的となった軽空母「祥鳳」には防戦の

しようもない機数であった。

以下はバーチ少佐の回想である。

「4機の索敵機のうち1機が空母2隻と駆逐艦2隻を発見したと報告してきた。我々が発艦すると、今度は陸軍の偵察機が、空母1隻を含む別の艦隊を発見したと報告してきた。ヨークタウンからの報告では、その1隻は、別の艦隊を目指していた我々の進路上の50マイル(80km)先を航行中ということだったので、すぐに見えてくるはずであった。

「目的海域に我々が到着すると、先発した『レキシントン』の航空隊が急降下爆撃をしている真っ最中だった。まるで『レキシントン』の全爆撃機が来ているのではないかと思えるほどの数だったが、ジャップの空母は激しく回避運動を繰り返し、私の見た限りでは命中弾はたった1発しか出ていないようだった。そのうち敵空母は艦載機を発艦させるために風上に回頭し始めた。私はすぐに後続する雷撃隊のジョー・テイラー少佐に、これから攻撃を始めると伝えた。彼は自分たちが到着するまであと5分だけ待ってくれといってきたが、私は待てないと答えて攻撃を始めた。敵空母の艦載機はその時ちょうど発艦し始めるところだったので、絶対に阻止しなければならなかったからだ。私は1発命中弾を食らわせたが、後続機も次々と命中弾を出し、この日の我々の戦闘は実に見事なものだった」

戦後確認された記録では、この日、「祥鳳」には爆弾13発、魚雷7本が命中し沈没している。

「5月8日、再び敵を発見した。この日は我々『ヨークタウン』の飛行隊が先発で、北に向かって180マイル(268km)ほど飛んだ所でジャップどもを見つけた。空母が2隻いたが、すぐ南側は悪天候で雲が広がっており、連中はその下に逃げ込もうとしていた。我々爆撃隊は雷撃隊と協同して、後方にいる『翔鶴』を攻撃することにしたが、その日は8000フィート(2400m)に降下すると視界も風防も真っ白に曇るような状態で、全員が勘を頼りに爆弾を投下するしかなかった。うまい方法ではないが仕方なかった。

第5爆撃飛行隊の勇敢なパイロット、ジョン・パワーズ大尉。大尉は急降下爆撃の際、着弾率を上げるために安全高度よりもさらに低く降下し投弾するのを常としていた。5月8日の珊瑚海でも、日本軍の迎撃戦闘機や対空砲の攻撃を受けながら、空母「翔鶴」を狙って低高度爆撃を行い、500kg爆弾を命中させたが、その直後海面に墜落、銃手のエベレット・ヒルニ等通信士とともに戦死した。その死後、大尉の勇敢さを称え栄誉章が授与されている。

断末魔の「Lady Lex」(空母レキシントン)。5月8日、「レキシントン」は九七艦攻の雷撃を受け、艦載機用燃料に引火、大爆発を起こし沈没する。この写真では、対空砲の弾幕や水柱が見えるので、日本軍艦載機の攻撃がまだ続いているのがわかる。この戦闘で「レキシントン」と「ヨークタウン」は、8機のドーントレスと、11人の搭乗員を失ない、日本軍は6機を撃墜されている。(Tailhook Association)

「我々は1500フィート(450m)で爆弾を投下して機体を引き起こし、大体1000フィート(300m)で離脱した。普通、急降下爆撃は降下角度が75度から80度、降下速度は大体200から210ノット(370〜390km/h)だが、私の隊は降下角が浅くなりがちだった。後続する機が、先行する機のあとを追って早めに引き上げ姿勢に入ってしまうからで、これを補正するため、私はいつもできるだけ急角度で降下するようにしていた。訓練を繰り返すと自分がだいたい何度で降下しているのか分かってくるものだが、我々の照準機は部隊のクセに合わせて70度降下に合わせてあった。

「その日の戦闘では、我々は偵察隊も爆撃隊も敵戦闘機にさんざんやられてしまった。帰還してみると、私の隊では無傷で戻ってきたのは3〜4機だけで、ウォリー・ショートの第5爆撃飛行隊では無傷だったのはたったの1〜2機にすぎなかった。『レキシントン』も被弾し、長官の判断で我々『ヨークタウン』の飛行隊は、損傷した『レキシントン』を護衛するため、再出撃を見合わせることになった」

当時のアメリカ軍の報告には、「翔鶴」に爆弾6発と魚雷3本が命中したとあるが、日本軍の記録では爆弾3発が命中し、魚雷は命中無しとなっている。

バーチ少佐は、この戦闘の戦死者のひとりについても回想を述べている。「この海戦では第5爆撃飛行隊と第5偵察飛行隊は7回出撃したが、敵の対空砲火の犠牲になったのは1機だけだった。ジョン・パワーズ大尉だ。彼は急降下すると、いつもぎりぎりの低い高度で投弾反転していたので、対空砲火にやられたのだと思うが、ひょっとしたら自分の爆弾が破裂した破片にやられたのかもしれなかった。彼は出撃する直前、『ジャップのあの何とかっていう空母のデッキに爆弾を置いてきてやる』といっていた。戦死して栄誉賞が贈られたが、それに相応しい勇敢な男だった」

パワーズ大尉機の後部銃手はヒル通信士だったが、パイロットのパワーズ大尉ともに戦死した。銃手がパイロットとともに死亡してしまう例は急降下爆撃には付きものの悲劇であった。

アメリカ軍はこの戦闘で4機のドーントレスを失っているが、そのうちの3機は空母「レキシントン」の所属で、しかも1機は同艦の航空群司令ウィリアム・オールト中佐の機であった。オールト中佐は、1922年アナポリス士官学校卒の、43歳のベテラン飛行士であった。この戦闘では「翔鶴」に爆弾を命中させたが、自分と銃手のW・バトラーが被弾負傷したと無線で連絡したきり、遂に帰還することはなかった。彼の小隊では帰還できたのはたったの1機だけであった。

アメリカ軍が「翔鶴」を攻撃した後、九七艦攻が反撃にやってきたが、そのとき空母の防空用に23機のドーントレスが800〜900フィート(240〜

「レキシントン」の第2偵察飛行隊のウィリアム・ホール中尉が、ジョン・タワーズ海軍中将から、栄誉章を授与されている。ホール中尉は5月8日、「レキシントン」を日本軍雷撃機から防衛するための低高度空中戦で、足に重傷を負ったが戦闘を続け、その後、損傷を受けた搭乗機を無事「レキシントン」に着艦させた。このときの勇敢な行動を認められての受勲となった。

270m）の低空で散開していた。この戦法は開戦前に考案されたもので、アメリカ海軍情報部は九七艦攻の高速性能を察知しておらず、ドーントレスでも迎撃できると思い込んでいたのだ。

現れた日本軍機は18機の九七艦攻と9機の零戦であった。数的には双方近いが、性能は日本軍の方が優れていた上、「レキシントン」のドーントレスのうち3機は、戦闘の行われていない右舷側に配置されており、アメリカ側にとってかなり不利な状況であった。

混乱した状態の低空での戦闘は日本軍側がたちまち有利になり、6機のドーントレスが撃墜され、さらに被弾した2機は、後に修理不能として甲板から海上投棄されたほど激しいダメージを受けてしまった。5人のパイロットと6人の銃手が命を落とし、「レキシントン」には魚雷が2発、「ヨークタウン」にも爆弾が2発命中した。激しい戦闘の中、ドーントレスの迎撃戦果は、零戦6機を含む合計17機を撃墜したというものであった。実際の撃墜は九七艦攻5機、九九艦爆1機であったが、劣勢のなか悪い成績ではないだろう。

この戦闘で、第2偵察飛行隊のホール大尉と銃手ジョン・ムーアー等水兵は、友軍の対空砲火をかいくぐりながら九七艦攻を1機撃墜した。その直後3機の零戦に襲われ、20mm弾を被弾、ホール大尉は右足を危うく切断するほどの重傷を負ったが、墜落寸前の機体を操り、何とか「レキシントン」に着艦、生還することができた。なお、機体は損傷が激しく、この直後に海上投棄されている。

ホール大尉の戦果に加え、第2偵察飛行隊にはもうひとつ撃墜記録がある。ジョン・レプラ少尉と銃手ジョン・リスカ通信士の報告した零戦4機の撃墜である。実際は1機もドーントレスに撃墜された零戦はなかったのであるが、レプラ少尉は2日間で4機の撃墜を報告し、後に戦闘機乗りとしての資質ありと判断され、戦闘機隊へ転属が命じられた。レプラ少尉は第10戦闘飛行隊でF4Fワイルドキャットに乗ることになったが、最初の出撃となった南太平洋海戦の戦闘で撃墜され戦死してしまった。レプラ少尉の4機撃墜の記録はそのまま残り、ドーントレスのエースパイロットとされている。

なお、空母「レキシントン」は同日、艦載機用ガソリンに火が移り爆発沈没し、「ヨークタウン」も修理のために真珠湾へ急ぎ帰投した。次の航空母艦同士の決戦まで30日であった。

珊瑚海海戦栄誉章
Coral Sea Medals of Honor

珊瑚海海戦の戦闘で、ドーントレスのパイロットには栄誉章が2つ贈られている。ひとつは第2偵察飛行隊のウィリアム・ホール大尉で、もうひとつは先述した第5爆撃飛行隊のジョン・パワーズ大尉であった。以下は勲章授与の記録である。

ウィリアム・ホール大尉
1913年10月31日ユタ州ストーズ生まれ。
ユタ州にて入隊。
戦功日時場所：1942年5月7〜8日、珊瑚海にて。
表彰事項：1942年5月7日と8日の珊瑚海における敵日本海軍との戦闘において、偵察機パイロットとして、類まれなる勇気をもって、英雄的戦闘を行

った。5月7日、ホール大尉は、毅然とそして断固たる攻撃を敵日本海軍航空母艦に敢行し、急降下爆撃によって甚大なる損害を敵艦に与えた。また、続く5月8日の戦いにおいて、圧倒的な敵戦力に臆することなく、戦闘員として善く戦い、操縦員としての優れた技量を発揮し、敵攻撃に対し反撃、敵機3機を破壊した。結果、負傷するに至ったが、強靭な精神力をもって任務を全うし、搭乗機を見事母艦に帰還せしめた。

ジョン・パワーズ大尉

1912年7月13日ニューヨーク市生まれ。
ニューヨーク州にて入隊。
他の海軍賞:航空金星章。
戦功日時場所:1942年5月4日〜8日、珊瑚海とその周辺にて。
表彰事項:1942年5月4から8日の珊瑚海とその周辺水域における敵日本海軍との5回に及ぶ戦闘において、第5爆撃飛行隊のパワーズ大尉は、自らの生命を賭して、その類まれにして際立った武勇をもって大胆不敵な戦闘を行った。
5月4日の3回に及ぶツラギの敵投錨地攻撃において、彼は敵警備艇に直撃弾を与えこれを大破し、また他にも2発を至近弾としたことが確認されている。
5月7日の敵上陸部隊航空母艦ならびに他の艦船に対する攻撃では、彼は3機のダグラス・ドーントレスを率い、勇敢に敵空母を攻撃した。この攻撃において、彼は敵の激しい対空砲火に臆することなく、また自らの爆弾による爆風およびその破片を浴びる危険を顧みず、敵艦に直撃弾を与えるために、安全高度をはるかに下回る高度まで急降下し投弾した。爆弾は命中し、多くの操縦員が、大爆発とそれに続く激しい炎が敵艦を包み込むのを目撃し、敵艦はその後ほどなく沈没した。
その晩、パワーズ大尉は砲術士官として、急降下爆撃の技術的講義を行い、この講義の中で、彼は着弾精度を高めるための低高度投弾を提唱したが、同時に敵対空砲火と、自らの爆弾による爆風とその破片による危険性も解説した。彼は自分の低空投弾戦法がいかに危険なものであるかは、十分に承知していたわけであるが、要求されている戦果以上の結果を得るために、敢えて危険を顧みなかったのである。

ドーントレスの最強チーム、第2偵察飛行隊のジョン・レプラ中尉とジョン・リスカ通信士。彼らは5月7日に空母「祥鳳」攻撃に参加し、翌日の空母護衛戦闘でも活躍し、ふたり合わせて7機撃墜をマークしている。レプラ中尉はその後戦闘機隊に転属しワイルドキャットに乗ったが、南太平洋海戦で戦死。リスカ通信士は第10偵察飛行隊に転属し、後席銃手としてさらに1機撃墜してスコアを伸ばしている。
(Naval Aviation Museum)

翌日、5月8日の出撃で搭乗する際、彼の遺した以下の言葉にその不屈の精神と優れた指揮官としての資質がよく表されている。「故郷の人々は我々を頼りにしているのだ。爆弾を命中させるためなら、敵の甲板に降りて爆弾を置いてくることすら厭わない」。
彼は編隊を率いて高度18000フィート（5400m）から降下を開始し、敵対空砲火と敵戦闘機の迎撃をかわしながら敵艦を目指した。彼は再び、身の安全を省みず、安全高度よりも

低い低高度急降下爆撃を強行した。必中を得るため敵艦甲板に接触せんばかりの高度まで降下し投弾した。彼の機影は、激しい対空砲火を受けながら、命中弾による爆発の炎と破片が飛び散る中を、高度200フィート (60m) で引き上げ反転する姿が見かけられたのを最後に、ついに帰還することがなかった。

ミッドウェイ
Midway

　珊瑚海海戦の後、空母「ヨークタウン」は真珠湾に帰港し、第5爆撃飛行隊以外は、陸上勤務の飛行隊と交代した。第5爆撃飛行隊のウォーラス・ショート大尉は当時のあわただしい状況を次のように述べている。

「珊瑚海海戦の後、9～10機の機体はそのまま残し、装甲板と防弾燃料タンク、7.7mm連装機銃を装備した、改良型の機体を10～12機受け取り、古い機体にも新しい連装式の後部機銃が取り付けられた。なお、真珠湾では飛行任務に就くときは、新米パイロットが着艦の経験を積めるように、陸上基地を使わず『ヨークタウン』から離着艦するようにしていた」

　ミッドウェイ守備隊の飛行隊は、ロフトン・ヘンダーソン海兵隊少佐の指揮する第241海兵偵察爆撃飛行隊 (VNSB-241) であった。装備機はヴォートSB2U-3ヴィンディケーターであったが、5月26日に16機のドーントレスが増加配備されていた。これは大海戦のたった1週間前のことであり、燃料と訓練期間の不足から、搭乗員は新型機に十分習熟することができず、ヘンダーソン少佐は実戦ではやむをえず、ダグラスの仕様書にある難しい70度の急降下爆撃をあきらめ、緩降下爆撃戦法をとることにした。

　6月4日午前6時少し前、ミッドウェイのレーダーサイトから「飛行機多数、距離89マイル (130km)、方位320度」の報告が入り、第241海兵偵察爆撃飛行隊はヘンダーソン少佐のドーントレス隊と、ベンジャミン・ノリス少佐のヴィンディケーター隊の2隊に分かれて緊急発進した。ヘンダーソン少佐の率いる16機のドーントレスは、対空砲火と、攻撃してくる零戦の群れの中に飛び込んでいったが、空戦が始まると、両隊の損害はたちまち増大していった。それでもドーントレスの銃手たちは4機の零戦を撃墜したと報告している。

　この空中戦の最中、海兵隊の搭乗員たちは、攻めてくる旗艦「赤城」から、さらに敵戦闘機が舞い上がってくるのを認めた。このときの情景をエルマー・グリデン大佐は次のように回想している。

「敵機の最初の攻撃は編隊の行動をかく乱するために、先頭を飛ぶ隊長機に向けられていた。ヘンダーソン少佐は最初の2撃はかわしたが、次にやって来た敵機が連射を浴びせ、少佐の機は火を噴いてしまった。すぐに私が指揮を引き継ぎ攻撃を続行することにしたが、敵戦闘機の

右頁上● 「エンタープライズ」の第6爆撃飛行隊隊長のリチャード・ベスト大尉。開戦から6ヵ月間第6爆撃飛行隊を指揮していたが、6月4日の空母「赤城」と「飛龍」攻撃の途中、酸素補給システムの故障で肺に傷害を受け、戦傷としてただちに戦闘から下げられ、少佐として除隊した。太平洋艦隊で最も優秀な急降下爆撃機パイロットのひとりともいわれていた。
(Naval Aviation Museum)

1942年6月4日、第6爆撃飛行隊のベイカー15 (B15番機) が、ミッドウェイで大戦果をあげ、「ヨークタウン」に着艦しタキシングしている。ジョージ・ゴールドスミス少尉と銃手ジェイムス・パターソンのこの機は、「エンタープライズ」所属だが、燃料切れのため姉妹艦の「ヨークタウン」に着艦した。空母「加賀」を爆撃した際、被弾し水平尾翼に損傷を受けている。この機体はBuNo 4542のSBD-3である。

攻撃があまりに激しいので、編隊を降下させ雲の中に隠れさせた。ところが、雲の切れ目から下を見ると、真下に敵の空母が見えた。全機攻撃の合図を送って、次々と5秒ほどの間隔で急降下に入ったが、雲から出るとまた戦闘機の攻撃と激しい対空砲火にさらされた。それでも急降下を続け、爆撃を済ませた後は、海面すれすれのまま離脱して、そのまま基地に向かって飛び続けた」

　帰還した搭乗員たちが報告した戦果は、500ポンド（225kg）爆弾2発が命中、1発が至近弾とあるが、そのために支払った海兵隊の損害は甚大で、ミッドウェイに帰還できたのは僅か6機のドーントレスと5機のヴィンディケーターに過ぎなかった。そのうち、ダニエル・アイバーソン大尉のドーントレスは穴だらけで、合計259個もの弾痕が残されていた。彼の通信員は銃弾で喉のマイクロホンを吹き飛ばされたが、幸いに怪我はなかった。いかに激しい戦闘であったかがうかがえる記録である。

■SBDドーントレス飛行隊編成状況　1942年6月4日　（アメリカ本土を除く）

海軍

第3爆撃飛行隊（VB-3）	SBD-3	18機	空母「ヨークタウン」（CV5）
第3偵察飛行隊（VS-3）	SBD-3	27機	空母「サラトガ」（CV5）
第5爆撃飛行隊（VB-5）	SBD-3	19機	空母「ヨークタウン」（CV5）
第5偵察飛行隊（VS-5）	SBD-3	19機	ハワイ島
第6爆撃飛行隊（VB-6）	SBD-3	19機	空母「エンタープライズ」（CV6）
第6偵察飛行隊（VS-6）	SBD-3	19機	空母「エンタープライズ」（CV6）
第8爆撃飛行隊（VB-8）	SBD-3	19機	空母「ホーネット」（CV8）
第8偵察飛行隊（VS-8）	SBD-3	19機	空母「ホーネット」（CV8）

海兵隊

第231海兵偵察爆撃飛行隊（VMSB-231）	SBD-1	6機	ハワイ島
第232海兵偵察爆撃飛行隊（VMSB-232）	SBD-1	不明	ハワイ島
第233海兵偵察爆撃飛行隊（VMSB-233）	SBD-1	不明	ハワイ島
第234海兵偵察爆撃飛行隊（VMSB-234）	SBD-1	5機	ハワイ島
第241海兵偵察爆撃飛行隊（VMSB-241）	SBD-2	19機	ミッドウェイ島

合計 189余機

空母エンタープライズとヨークタウンの勝利
Enterprise and Yorktown Win the Battle

　航空母艦所属のドーントレス飛行隊は、いずれも35〜37機を装備しており、各艦とも数量的には、その差はほとんどなかったが、戦闘経験を比べると大きな違いがあった。「エンタープライズ」と「ヨークタウン」はどちらも実戦を体験済みで、とくに「Big-E」（エンタープライズ）には経験豊富な搭乗員が多かった。「ヨークタウン」も経験豊富なショート大尉が指揮する第5爆撃飛行隊が所属していた上、「サラトガ」から移ってきた戦闘、爆撃、雷撃の各飛行隊も空母での戦いを経験済みであった。ところが「ホーネット」の飛行隊は、戦闘と呼べる経験は、4月にドーリットル爆撃隊を発艦させたぐらいのもので、艦隊勤務の日も浅く、太平洋での作戦にも不慣れであった。

　6月4日の朝、ミッドウェイの北西を航行中の「ヨークタウン」は、ミッドウェイ基地のPBYカタリナ飛行艇の夜間哨戒報告に基づき、第3、第5爆撃飛行隊から合わせて10機のドーントレスを索敵に発艦させ、周辺100マイル

(160km)を捜索したが、何も発見できず順次帰投させていた。その頃、すでに南雲中将は4隻の空母から発進させた107機の航空機でミッドウェイ基地を爆撃し終わっており、アメリカ海軍第16、第17任務部隊は南雲艦隊を攻撃する準備にかかっていた。ところが「ヨークタウン」は偵察隊の収容に手間取り、攻撃機の爆装作業に取りかかれないでいた。

この時、最初に出撃したのは、レイモンド・スプルーアンス海軍少将指揮の第16任務部隊であった。少将は哨戒機の報告に基づき、敵艦隊は南西の方角150マイル(240km)で捕捉できると読み、空母「エンタープライズ」に33機のドーントレスと、14機のデヴァステーター雷撃機、護衛用に10機のワイルドキャット戦闘機を出撃準備させ、また「ホーネット」にも34機のドーントレスと15機のデヴァステーター、そして10機のワイルドキャットを出撃準備させていた。

一方、偵察機の収容に手間取っていた「ヨークタウン」は、出撃準備の遅れに加え、敵艦隊推定位置へ約175マイル(280km)と距離的にも不利な状況にあった。とくに、護衛に当たる第3戦闘飛行隊の6機のワイルドキャットにとって、これはかなりの距離であったが、優勢な日本軍に対して、護衛なしでデヴァステーターを飛ばすわけにはいかなかった。

そうした中、ミッドウェイ基地から発進したB-17やB-26マローダー、アヴェンジャー、そして海兵隊のドーントレスが、南雲艦隊に爆撃、雷撃を行っていた。物的な損害は与えられなかったものの、敵艦隊は回避行動を続けるうちに隊形が崩れ始め、上空の敵哨戒機の高度も下がり始めていた。状況はアメリカ軍側にとって有利になりつつあった。

ところが、第16任務部隊の「エンタープライズ」と「ホーネット」の飛行隊は、発艦に手間取った上、作戦通りの編隊を組むことに失敗してしまった。「エンタープライズ」のワイルドキャット戦闘機隊は、上空の雲に視界をさえ

日本海軍機動部隊攻撃の戦闘で生き残ったドーントレスのうち、全てが無事母艦に帰還できたわけではなかった。この着水している機は、巡洋艦「アストリア」の脇に着水したマックスウェル・レスリー少佐機か、その僚機ポール・ホルムバーグ中尉の乗機である。「蒼龍」を爆撃した後、帰還途中、レスリーとホルムバーグは「ヨークタウン」のデヴァステーター雷撃機が不時着水しているのを発見。第17任務部隊の哨戒中の駆逐艦が気付くまで、その上空を旋回し続けたため、燃料不足となり母艦に着艦できず、やむなく着水したのである。

左頁上●ミッドウェイ海戦で「ヨークタウン」の第3爆撃飛行隊を指揮していたマックスウェル・レスリー少佐。6月4日の朝、日本海軍機動部隊目指して出撃中、レスリー少佐と他の3機は、電気式投弾機の故障で爆弾を失ってしまったが、攻撃を続行した。「エンタープライズ」の飛行隊が南西から敵艦隊を攻撃している間に、「ヨークタウン」の飛行隊は南東からアプローチし、その第3爆撃飛行隊が撃退されてしまう中、巧みに爆撃を行ない空母「蒼龍」を撃沈した。レスリー少佐はその後、「エンタープライズ」の航空群司令となりガダルカナルで戦闘を指揮している。

この写真は、ミッドウェイ海戦を撮影した珍しいニュース映画の1コマで、6月6日の午後、第8偵察飛行隊の編隊が、衝突し炎上する巡洋艦「三隈」の上空を飛んでいる。「三隈」と「最上」の衝突事故は、前日5日早朝の対潜警報によってひき起こされ、2艦は無防備な状態で取り残された。この後「三隈」は、ミッドウェイ基地からの攻撃機と、「エンタープライズ」と「ホーネット」のドーントレスによって、撃沈されるが、何発もの命中弾を受けながらもなかなか沈まなかった。

ぎられるうちに、「ホーネット」のデヴァステーターを自分たちが護衛すべき第6雷撃飛行隊と見誤ってしまい、「エンタープライズ」の雷撃飛行隊は護衛なしで飛ぶことになってしまった。また、ホーネットの航空群司令は自らの戦闘機隊とドーントレス隊とともに、J・ウォルドロン少佐の第8雷撃飛行隊とはぐれてしまっていた。結局、「ホーネット」から発進した攻撃隊で戦闘に参加することができたのは、この第8雷撃飛行隊だけとなってしまうのである。

一方、フレッチャー海軍少将の率いる空母「ヨークタウン」の攻撃隊は、当初出遅れていたものの、経験を生かし首尾よく攻撃隊を送り出していた。とくに各飛行隊を上空で旋回待機させることなく、順次目標に向かわせ、途中で編隊を組むようにさせたところ、第3爆撃飛行隊、第3雷撃飛行隊、第3戦闘飛行隊のすべてが揃い、一丸となって攻撃を行うことができた。この日、アメリカ軍で作戦通りに編隊を組んで行動が取れたのは、M・レスリー、L・マッセイ、J・タッシュの3少佐が率いるこの3隊だけであったが、偶然合流した「エンタープライズ」の雷撃隊と協力し、大戦果をあげることになったのである。

追撃
The Long Hunt

第6戦闘飛行隊の隊長から転任したばかりの、空母「エンタープライズ」航空群司令のC・マクラスキー少佐は、32機のドーントレスからなる第6爆撃飛行隊と第6偵察飛行隊を率いて、まばらに雲の浮かぶ見通しのよい海上を、南雲機動部隊を求めて飛行していた。マクラスキー少佐は0755時に第16任務部隊から発進し、南西に方角を取れば、0920時に敵機動部隊を捕捉できると計算していたが、予想遭遇地点には先行した第6、第8雷撃飛行隊がむなしく旋回しているだけであった。南雲機動部隊は左舷の南東方向か、右舷の北西方向にいるのかもしれなかったが、あと15分だけ直進してみることにした。それでも艦影ひとつ見えないので、マクラスキー少佐は海図を取り出すと計算を始め、南雲機動部隊が予想最高速度で移動したとしても、自分たちよりもミッドウェイ島寄りにいることはありえず、北側にいると判断した。彼は編隊を大きく右旋回させ、さらに日本軍機動部隊を追い求めた。

20分後、飛行隊はすでに出撃してから2時間半飛び続けており、燃料計は残量半分を指し始めていた。その時、6000フィート（1800m）下方の海上に、日本の艦艇が1隻北東に進んでいるのを発見したのである。航跡の長さから巡洋艦が高速で艦隊に追いつこうとしているようであった。実際は、この艦は駆逐艦「嵐」

で、アメリカ海軍潜水艦を攻撃して、艦隊に戻る最中であった。マクラスキー少佐が双眼鏡で、この艦の進行方向を眺めると、はたして日本の空母が4隻航行しているのが見えた。

　飛行隊は日本軍機動部隊を目指して勇躍飛び続けたが、T・シュナイダー少尉のドーントレスがエンジン不調になり、編隊から離脱して行った。さらに第6爆撃飛行隊隊長のR・ベスト大尉の酸素ボンベが故障し、大尉は有毒ガスを吸い込んでしまい、マクラスキー少佐の飛行隊は攻撃を目前に2機も戦力を失ってしまった。また、レスリー少佐の率いる「ヨークタウン」の第3爆撃飛行隊は、落伍機はなかったものの、発艦した直後にエレクトリック・トリガーの操作ミスで、少佐自身のほか3機から爆弾が落下してしまい、その攻撃破壊力の四分の一がすでに失われていた。

　こうした不都合があったものの、この後アメリカ軍に大幸運が訪れるのである。第16任務部隊と第17任務部隊の攻撃隊が相前後して、それぞれ別の方角から南雲機動部隊を攻撃する状態になったが、この企まずして行われた波状攻撃が大勝利を生む鍵となった。まず、第6、第8雷撃飛行隊が、先発攻撃をかけ始めると、敵空母上空で警戒飛行していた零戦は、迎撃のために惹きつけられるように低空に舞い降り、猛烈な迎撃を始めた。第6、第8雷撃飛行隊は、すぐ後にやって来た第3雷撃飛行隊ともども、たちまち零戦の餌食になり、アメリカ軍は1本の魚雷も命中させることができなかった。この時点で日本軍は、ミッドウェイ基地からの戦闘機15機と攻撃機18機、空母からの雷撃機35機を撃墜しており、しかも激戦だったにもかかわらず自軍の空母を無傷で守り通せたことに安堵したはずである。ところが、ふと頭上を見上げると、無防備になっている上空から、ドーントレスの3飛行隊が3隻の空母めがけて急降下してきたのである。その瞬間、南雲中将以下、将官たちは心臓が止まる思いであったろう。日本軍の空母は無防備状態であっただけではなく、ミッドウェイ攻撃準備のため甲板には、爆弾と燃料を満載した攻撃機がひしめいていたからである。

　マクラスキー少佐は「エンタープライズ」のドーントレスを率いて旗艦空母「赤城」と「加賀」を爆撃し、「ヨークタウン」のレスリー少佐は、自らの爆弾は失っていたが、空母「蒼龍」に急降下爆撃を行った。わずか数分の攻撃であったが、「加賀」は命中弾28発を受け爆発炎上し、「赤城」はベスト大尉の3小隊の爆撃を受けただけであったが大火災を起こした。「蒼龍」も大損害を受けたが、その火災と噴き上がる黒煙はとくに激しく、第3爆撃飛行隊のドーントレスの何機かは途中で攻撃をあきらめ、矛先を付近の戦艦や巡洋艦に向け直したほどであった。

　爆撃はうまくいったが、急降下から引き上げると舞い戻ってきた零戦が襲いかかってきた。ドーントレスは防戦に徹したが、マクラスキー少佐は肩に銃弾を受け負傷してしまった。零戦の攻撃はすさまじく、中には500フィート（150m）の低空で宙返りをし、次々と攻撃を繰り返すという離れ業を行う機もあった。このため、マクラスキー隊では32機のドーントレスのうち、母艦の「エンタープライズ」に帰還できたのはわずか16機でしかなかった。また帰還はしても、負傷のため当分は任務につけない者も多く出た。なお、未帰還機のうち何機かは燃料切れのためやむなく着水したものもあった。マクラスキー少佐も、肩の負傷を押してようやく帰還したが、燃料はたった5ガロン（18リッター）しか残っていなかった。

一方、レスリー少佐の第3爆撃飛行隊は、マクラスキー隊ほどの損害も出さずに帰路についたが、途中、不時着水していた第3雷撃飛行隊のデヴァステーターを発見し、レスリー少佐とその僚機ポール・ホルムバーグ中尉は、救助の艦艇が向かってくるまで、その上空を旋回し続け、ついに燃料切れとなり、巡洋艦アストリアの横に着水し救助された。第3爆撃飛行隊の他の12機のドーントレスも母艦の「ヨークタウン」には戻れず、「エンタープライズ」に着艦することになった。「Old Yorky」(ヨークタウン)は、第3爆撃飛行隊が帰路についている間に、空母「飛龍」から出撃した艦爆隊の攻撃を受け、大破していたのだ。日本軍はこの攻撃の際、18機の九九艦爆のうち13機を失ったが、アメリカの空母を1隻戦闘不能にしたのである。

　この頃、「ホーネット」から出撃した攻撃隊は、日本軍を捕捉することができなかったばかりか、うろうろさまよっているうちに、ミッドウェイ基地にも母艦にもたどり着けなくなり、3機のドーントレスと、ワイルドキャット戦闘機隊10機の全機が燃料切れで不時着水してしまった。

　一方、攻撃隊を収容した「エンタープライズ」では、第6爆撃飛行隊と第6偵察飛行隊の生き残りに加え、新たに「ヨークタウン」から移ってきた第3爆撃飛行隊の混成部隊を急編成し、負傷したマクラスキー少佐の代わりに、第6偵察飛行隊の隊長アール・ギャラハー大尉を指揮官に、空母「飛龍」を見つけ次第攻撃する準備を始めていた。待ち構えていた「飛龍」発見の一

1942年6月6日、ミッドウェイ周辺増援のため「サラトガ」が真珠湾で慌しくドーントレスを積み込んでいる。このうちの多くの機体が11日には「エンタープライズ」と「ホーネット」に、海戦で失った機体の補充として引き渡されている。ドーントレスがクレーンで吊り上げられているシーンだけでも珍しいが、この機体のLSOストライプも、通常より下に引かれておりさらに珍しい。

報は、第5爆撃飛行隊のサミュエル・アダムス大尉からほどなく打電され、第16任務部隊の西方にいることが分かった。

24機のドーントレスが、護衛戦闘機なしで、1530時に「エンタープライズ」から出撃し、30分遅れて「ホーネット」からさらに16機のドーントレスが出撃した。19000フィート（5700m）から「飛龍」めがけて急降下を始めると、零戦が迎撃してきて第6爆撃飛行隊の1機が撃墜されたが、その時はすでにドーントレスは全機急降下体勢に入っており、ギャラハー大尉の第6偵察飛行隊が少なくとも1発、第3、第6爆撃飛行隊が合わせて3～4発を命中させた。「飛龍」は巨大な火柱を上げて爆発炎上し始めたが、この攻撃を受ける以前に「飛龍」は素早く第二波攻撃隊を発進させており、九七艦攻で再度「ヨークタウン」を雷撃し、完全に航行不能にしていたのである。

「エンタープライズ」の攻撃隊が引き揚げようとする頃、遅れていた「ホーネット」の攻撃隊が到着し、重巡洋艦「利根」を攻撃したが戦果をあげられないまま、帰投した。なお、「エンタープライズ」の攻撃隊は、帰投する際に第3爆撃飛行隊のドーントレスが2機、零戦により撃ち落されている。

この時点で、すでに大戦果があがっていたのであるが、まだ誰もアメリカが勝利したという事実に気がついてはいなかった。

■大海戦の終幕
Three Days to Victory

6月5日の金曜日、アメリカ軍機動部隊は一日中2つの作戦にかかりきりであった。日本軍の再捕捉と、空母「ヨークタウン」の救援である。午後遅くに敵空母発見の報が入り、「エンタープライズ」と「ホーネット」から合計64機のドーントレスが出撃したが、空母発見は誤報で実際は単独航行していた駆逐艦「谷風」であった。「ホーネット」から発進した飛行隊は何も発見できずに帰還し、43機のドーントレスが「谷風」を発見、攻撃した。ドーントレスの大群を相手に、「谷風」は沈没したが、その際、前日に空母「飛龍」発見の手柄を立てたアダムス大尉機が撃墜され、銃手のJ・キャロル通信員とともに戦死した。他の機は攻撃後帰投し、すでに夜間であったが全機無事着艦に成功した。

6月6日朝0700時、ミッドウェイ西170マイル（270km）に、ゆっくりと航行中の日本軍艦複数発見という報が入り、ミッドウェイの第241海兵偵察爆撃飛行隊はドーントレスとヴィンディケーター6機ずつを緊急発進させた。飛行隊が現場に到着すると、衝突して油を海面に曳きながら航行する巡洋艦「最上」と「三隈」を発見した。テイラー海兵隊大尉は高度10000フィート（3000m）から6機のドーントレスで急降下爆撃し、6機のヴィンディケーターは4000フィート（1200m）から緩降下して雷撃を始めた。ドーントレスはいずれも「最上」に至近弾を与えたが、直撃弾を出せなかった。ヴィンディケーターの魚雷も命中しなかったが、リチャード・フレミング海兵隊大尉は、搭乗機もろとも「三隈」に体当たりをして戦死した。後日フレミング大尉の行動は意図的であったと判断され、栄誉章が贈られた。

巡洋艦「三隈」は、その日の午後、海軍のドーントレスによって止めを刺され沈没したが、同じ日、空母「ヨークタウン」と駆逐艦「ハマン」も海中にその姿を没したのであった。劇的なミッドウェイ海戦は3日続き、ここに終了したのである。

chapter 4
ガダルカナルとソロモン諸島
guadalcanal and the solomons

　1942年8月上旬、ソロモン諸島のガダルカナル島をめぐり、連合軍と日本軍が激突し、以後6カ月間にわたって、同島でのジャングル戦と、周辺での海上戦、そして航空戦が、ほぼ連日のように繰り広げられた［※2］。ガダルカナル島の戦いは双方にとって、陸海空三軍を合わせた激しい戦いとなったが、アメリカ軍が徐々に優勢を占める結果となっていった。

　当初、優勢な日本軍は島を占領し防備を固め始めていたが、これを阻止するため、8月7日、アメリカ軍海兵隊が島の反対側に上陸した。この上陸作戦支援のため、フレッチャー海軍中将は3隻の空母、「エンタープライズ」、「ワスプ」、「サラトガ」を派遣し、ツラギに小さな水上機基地しかもっていなかった日本軍の航空兵力を圧倒し、たちまち制空権を握ってしまった。日本軍は、ガダルカナル島の防衛には、ラバウルから戦闘機と爆撃機を飛ばして反撃していた。この日の攻撃はとくに激しく、台南空の17機の零戦が、18機のワイルドキャットと対峙し、その半分に当たる9機を撃墜してしまった。一方、零戦の犠牲は2機を数えたに過ぎなかった。ドーントレスも空母「ワスプ」の第71偵察飛行隊のダドレイ・アダムス大尉機が撃墜され、後席銃手が死亡している。

　アダムス機を撃墜したのは、あの坂井三郎一飛曹であった。1938年以

「ヨークタウン」の第5偵察飛行隊が1942年7月に「エンタープライズ」甲板上で撮った記念写真。手前の2人は、隊長のターナー・キャルドウェル少佐と銃手のW・E・グライドウェルー等通信士。第5偵察飛行隊は珊瑚海海戦とミッドウェイ海戦を「ヨークタウン」の飛行隊として戦ったが、ミッドウェイで同艦が沈没してからは「エンタープライズ」に移りウォッチタワー作戦などに参加した。1942年8月にガダルカナル・キャンペーンが始まってからは、同島のヘンダーソン基地に移り、通称「フライト300」として、同基地の海兵隊とともに活躍した。
（Naval Aviation Museum）

来、50機以上のアメリカ、中国、その他連合軍機を撃墜した日本のエースである。

　この日、坂井一飛曹はアダムス機を屠った後、別の敵編隊を発見、ワイルドキャット戦闘機と判断し、6時方向後方から接近を始めた。ところがこの編隊はワイルドキャットではなく、ドーントレスであった。空母「エンタープライズ」のカール・ホーレンバーガー大尉率いる第6爆撃飛行隊と第5偵察飛行隊の8機からなるドーントレスは、爆撃命令を待ってツラギの上空を旋回していたのだが、後部銃手たちは接近してくる坂井一飛曹の小隊に気付き、坂井機とその僚機柿本圓次二飛曹が攻撃を始める前に、後部銃座から射撃を始めた。坂井一飛曹はこの銃撃で重傷を負い、8000フィート(2400m)から海面すれすれまで高度を失い、墜落寸前となったが、瀕死の重症をおしてラバウルまで550マイル(880km)の長駆を飛び、前代未聞の生還をなしたのである。一方、ドーントレスはこのとき、2機が被弾したが墜落はせず、うち1機が編隊を離脱しただけであった。

リチャード・マングラム中佐の活躍
Mangrum at Guadalcanal

　ガダルカナル島の航空戦は、同島のヘンダーソン飛行場に集まったアメリカ軍飛行隊の活躍抜きには語れない。これらの飛行隊はガダルカナル島のコード名、カクタス(サボテン)をとって「カクタス・エアフォース」と呼ばれたが、その最初の爆撃隊隊長は、海兵隊のリチャード・マングラム中佐であった。

坂井三郎一飛曹。1938年の中国戦線以来のベテランパイロットで、50機以上の連合軍機を撃墜もしくは破壊した日本軍のエースである。1942年8月7日、坂井一飛曹はA6M2零戦22型でガダルカナル上空の空中戦に臨み、第5戦闘飛行隊のワイルドキャットと、第71偵察飛行隊のドーントレスを1機ずつ撃墜したが、その後、「エンタープライズ」のドーントレス隊に接近した際、複数機の後部銃座から銃撃され被弾した。坂井一飛曹は重傷を負いながらも、ニューブリテン島のラバウル基地まで880kmを飛び続け奇跡的に生還し、2年後に再び実戦部隊に戻っている。(Henry Sakaida)

「カクタス・エアフォース」の置かれた劣悪な環境。ぬかるんだ駐機場とテント張りの兵舎、1942年後半に撮られたこの写真が、ガダルカナル島ヘンダーソン基地の実情を如実に物語っている。並んでいる機体は、胴体国籍マーク直後の部隊番号がどれも白いことから同一飛行隊のものと思われる。

マングラム中佐は、1928年に大学を卒業するとそのまま海兵隊に入隊し、1941年暮れまでには3000時間を飛び、ベテランパイロットとなっていた。1941年開戦の年には、ハワイ島の真珠湾とバーバーズ岬の間に位置するイーワ基地の第232海兵偵察爆撃飛行隊「レッドデビルズ」に所属し、ドーントレスの初期型SBD-1を使用していた。が、12月7日の奇襲で隊の機材は全て失われてしまった。

　マングラム中佐は1942年1月に「レッドデビルズ」の隊長になると、部隊が元通り任務に復帰できるよう、搭乗員と整備員、そして新しい機体を回してもらえるよう奔走した。その甲斐あって、7月に部隊はドーントレスの最新型SBD-3を12機受領するとともに、護衛空母「ロングアイランド」に乗艦し、ガダルカナル島へ配属されことになった。8月20日にはマングラム中佐の12機のドーントレスと、海兵隊の第223海兵偵察爆撃飛行隊のワイルドキャットが「ベイビーフラットトップ」(護衛空母ロングアイランドの愛称)を発進し、ガダルカナル島へと向かったのである。これが後に「カクタス・エアフォース」として知られることになった飛行隊の門出である。

　以下はマングラム中佐の回想である。

「我々は出撃に際してガダルカナルについて何の情報ももらっていなかった。海兵隊の訓練や作戦は、いつも設備のない未整地での任務を想定していたが、そんな我々海兵でも呆れるようなラフな任務がたまにあり、ガダルカナル島がまさにそれだった。

「基地に着いてみると、燃料や弾薬を運ぶ車両は1台も用意されていなかった。燃料のドラム缶や、爆弾を人手で運ぶのだが、そのための人員もいない。仕方ないから搭乗員が自分たちで全部やるのだが、食料も足りないし、人員不足で満足な休息も取れず、隊員たちの体力はどんどん消耗していき、作戦にも影響が出てくるほどであった。

「ヘンダーソン飛行場の土質もひどいものだった。滑走路はザラザラの砂利で、機体の下面は、じきに信じられないくらいひどいことになってしまった。ランディング・フラップなどはザクザクに割れてしまっていた。駐機場は泥だらけで、ぬかるんでいるか土埃だらけか、あるいはその両方か、といったありさまで、機体の整備なんかまともにできる場所ではなかった。それでも、ドーントレスはよく飛んでくれた。うまい具合に我々の整備兵がエファテから駆逐艦に乗ってやって来たので、2週間かけて必要な整備を全部やってくれた。彼らは非常に優秀で大いに助かった。ほどなく『エンタープライズ』からターナー・キャドウェル大尉の『フライト300』が援軍としてやって来て、それ自体は戦力になったが、彼らは機体整備の用意を何もして来ず、自分たちの歯ブラシくらいしかもっていなかった。おかげで、我々の整備兵が彼らの機体まで整備することになり、基地の整備環境はまた劣悪な状況に戻ってしまった。

「日本軍との戦いとは別に、ソロモン諸島近辺の天候も厄介だった。

1942年8月7日、「エンタープライズ」の第6爆撃飛行隊の6機と第5偵察飛行隊の2機、合計8機のドーントレスを指揮し、飛行任務第319(フライト319)に就いていたカール・ホーレンバーガー大尉。坂井一飛曹と僚機の柿本二飛曹が、同隊を攻撃した際、2機のドーントレスが被弾し、坂井一飛曹も被弾した。両軍ともお互いに2機を撃墜したと報告していたが、どちらも墜落した機はなかった。(Henry Sakaida)

胴体下に500パウンダー(225kg爆弾)と両翼に100ポンド(45kg)爆弾を1個ずつ取り付け、出撃準備が完了したSBD-3を、上半身裸の海兵隊員がチェックしている。退色した塗装と、油汚れから、機体が相当に使い込まれていることが分かる。胴体後部に白く乱雑に41と機番が書き込まれているが、当時のヘンダーソン基地では飛べさえすればどの機体でも各飛行隊が使っていたので、この機体をどの部隊が使っていたのかは分からない。

午後から宵の口にかけて巨大な積乱雲が現れて、広い範囲にスコールが降る。雲は島に近づくにつれて濃密になるので、迂回して飛ばなければならなかった。一度だけ激しいスコールのために作戦を中止したことがあるが、雲やスコールが途切れるのを待っているうちに燃料切れになるというようなことは一度もなかった。それでも、この天候のために犠牲者を出したことがある。積乱雲を迂回せずに突っ切ろうとして、2機が墜落し、搭乗員は全員死亡してしまった」

8月25日、ガダルカナル島に到着して6日目に、第232海兵偵察爆撃飛行隊は初めて日本軍艦船を攻撃した。マングラム中佐が指揮をしていたが、彼の機は投弾機が故障して爆弾を放てなくなってしまった。部隊が爆撃し終わると、彼はもう一度爆撃を試み、爆弾を投下することができた。この勇敢な行為により彼は栄誉章を受賞している。この時のことを、彼は以下のように回想している。

「日本の大艦隊がガダルカナルを奪還しようと、総攻撃を仕掛けてくるらしいという情報があり、我々はその艦隊を見つけ出してやろうと思っていた。25日の晩に我々の上陸拠点が、敵巡洋艦と駆逐艦の艦砲射撃を受け、我々はその直後に出撃した。ただ出撃はしたものの、月が低くて視界はほとんどなく、爆撃と機銃掃射を繰り返したが、連中を追い払っただけで実質的な損害は与えられなかったようだった。

「私の機の投弾機の故障だが、2日間整備らしい整備を受けずに出撃していたので、投弾機のメカニズムに泥か何かが詰まっていたらしい。ドーントレスの投弾機は、ワイヤをトリガーで引く簡単な機械式のもので、こうした故障はつきものだった。爆弾を投下できないまま帰還し、地上でチェックするとちゃんと動作したりすることもしょっちゅうだった。この日の故障も、2回目のダイブでは正常に作動したし、1回目の爆撃でもトリガーをもっと強く引いていれば、うまく投弾できたのかもしれなかった。

「カクタス・エアフォース」のドーントレスは幸運にも、出撃中に日本軍戦闘機に狙われることが少なく、6カ月間に及ぶガダルカナル戦において、26回も爆撃で戦果をあげており、そのうちの2回はマングラム中佐率いる第232海兵偵察爆撃飛行隊によるものであった。以下も中佐の回想である。

「レーダー以前の時代だったから、雲さえあれば簡単に隠れることができた。後部機銃はあっても、敵に追いつかれたらやられてしまうので、見つかった時は、雲の中に隠れたり、海面すれすれまで降下したりして、まいてしまうのが一番だった。もちろん、戦闘機の護衛がついていれば理想的だが、我々の戦闘機は、敵の空襲から基地を守るのに手一杯で、我々ドーントレス隊の護衛までは手がまわらなかった。もっとも、日本の戦闘機も自分たちの爆撃機を護衛するのに手一杯で、

「カクタス・エアフォース」の4人の海兵隊士官たち。左からリチャード・マングラム中佐、ロバート・バウベル少佐、ジョン・スミス少佐、ジョーゼフ・フォス大尉。スミスとフォスは戦闘機パイロットとしてその戦功に栄誉章が贈られている。マングラムとバウベルはドーントレス隊の指揮官であった。バウベルは第233海兵偵察爆撃飛行隊を指揮していたが1945年に戦死している。マングラムはガダルカナル島で最初の爆撃隊として、第232海兵偵察爆撃飛行隊を指揮した。部隊は1942年8月から10月後半まで、部品や工具、整備兵の不足に悩まされながら、ヘンダーソン基地に駐留し、日本軍を攻撃し続けた。マングラムは「我々はあるがままの状態の機体で、とにかく飛ぶしかなかったが、ドーントレスは立派にその役目を果たしてくれた。」と当時を回想している。
(Peter B Mersky via Dennis Byrd)

我々を探し出して、かまいに来る奴はあまりいなかった。ラバウルから長距離を飛んでくるから、我々を追い回す余裕はなかったというわけだ。運悪く、日本の戦闘機に出会っても、雲の陰に入ってまいてしまえば、たいていは逃げ切ることができた。

「とはいっても、我々の部隊は交代する1カ月前には消耗しきっていて、9月になって新しい部隊が補充で入り始めると、作戦行動の主体は彼らが占めるようになっていた。そのうちにロイ・ゲイガー海兵隊准将が、第23海兵隊航空団を創設し、我々第232海兵偵察爆撃飛行隊の生き残りも、准将の直接指揮下に入ることになった。その頃には我々の部隊は大半の搭乗員と機体を失っていて、寄せ集め同然だった。戦闘中に撃墜されただけでなく、基地で艦砲射撃や爆撃の犠牲になったり、事故で命を落としたり、理由はさまざまだったが、9月半ば以降、我々の部隊で飛べたのはほんの2～3名だけになっていた。10月に入ってからは、我々の部隊はもう出撃することもなくなり、10月13日には船でガダルカナルを離れた。私自身は、その翌日の14日まで残り、負傷した隊員たちを飛行機でエファテの病院に連れて行き、それからノウメアに行き他の隊員たちと合流した」

マングラム隊のブルース・プロスター大尉の飛行記録を見ると、彼らがいかに激務をこなしたかがよく分かる。ガダルカナルに着いた8月20日から9月17日までの29日間に、プロスター大尉は28回出撃している。その内容は、3回の艦船攻撃を含め10回の爆撃行、8回の海上捜索飛行（敵味方にかかわらず、輸送船の補給がその日あるかどうか見極める）、7回の陸上偵察と対潜哨戒飛行、というものであった。

■ 東ソロモン諸島（第二次ソロモン海戦）
Eastern Solomons

ガダルカナル戦での最初の航空母艦同士の海戦は1942年8月24日に行われた。マングラム中佐の第232海兵偵察爆撃飛行隊と、第223海兵戦闘飛行隊（VMF-223）がヘンダーソン基地にやって来たたった4日後のことである。

8月23日、哨戒に当たっていたPBYカタリナ飛行艇が、輸送船を含む日本の艦隊がラバウルから南に向かって航行していることを知らせてきた。が、フレッチャー中将のアメリカ機動部隊は、折り悪く、空母「ワスプ」が燃料補給のため艦隊を離れており、3隻の空母が2隻になっていた。そのため海戦の当日は、空母「サラトガ」が攻撃部隊を担当し、空母「エンタープライズ」が索敵を担当することになった。24日の1320時、第6爆撃飛行隊の6機と、第5偵察飛行隊のドーントレス7機が発進し、周辺250マイル（400km）を索敵、第6爆撃飛行隊の6機が敵艦隊を発見した。

レイ・デイヴィス大尉とその僚機のR・ショウ少尉がその時の模様を次のように報告している。

「1545時、高度15000フィート（4500m）、南緯5度45分、東経162度10分にて、方位120度、速力28ノット（時速51km）で進む敵艦隊を発見。先行する2隻の軽巡洋艦のうちの1隻に向かって降下を始めたが、その途中、後続する20000トン級大型空母を発見し、旋回上昇してこの大型空母に向かって攻撃を開始した。デイヴィス大尉機がショウ少尉機を率いて、高度14000フィート（4200m）から、太陽を背にして急降下を開始、高度2000フィート（600m）で、1/100秒遅延信管を付けた500ポンド（225kg）爆弾を投下、艦

空母「サラトガ」CV3は1941年から1945年まで太平洋艦隊で活躍していたが、1942年のガダルカナル戦では、8月7日の上陸作戦に参加し、その2週間後の東ソロモン海戦で、大戦中二度目の魚雷攻撃を受け損傷し、以後は修理のため戦線から離脱していた。この写真は1943年のもので、甲板にドーントレスとアヴェンジャーが並んでいる。

「サラトガ」の航空群司令（Commander Saratoga Air Group）通称「CSAG」と呼ばれたハリー・ドン・フェルト中佐と、その銃手クレタス・シュナイダー主任通信士が、搭乗機「Queen Bee」（SBD-3 BuNo.03213）に収まっている。フェルト中佐は「サラトガ」の飛行隊を率いて、8月24日の東ソロモン海戦で空母「龍驤」を撃沈している。写真はその直後に撮られたものである。フェルト中佐はドーントレスの最初のパイロットのひとりで、「レキシントン」第2爆撃飛行隊の隊長をしていた1940年末に、SBD-2を受領している。

隊の進行方向、軽巡洋艦に向かう形で反転離脱した。

「デイヴィス大尉の爆弾は敵艦の中前部右舷5フィート（1.5m）の至近弾となり、ショウ少尉の爆弾は同じく右舷約20フィート（6m）の至近弾となった。2本の水柱が上がったが、敵艦からは僅かな煙が上がるのを確認できたに過ぎなかった。敵空母はデイヴィス大尉が降下を始めた時右旋回をしており、大尉機が高度7000フィートから2000フィート（2100mから600m）に降下している間に60度回頭していた。後部銃座のジョーンズ通信員は、この空母の甲板の中央に8機、後部に12機飛行機が並んでいるのを目撃したといっている。敵空母からの対空砲火は激しかったが、大口径砲は照準が甘く、小口径の方が正確に撃ってきた。前方の軽巡洋艦上空を通過する際、その対空砲火はかなり正確であった。大型空母の上空には7〜8機の敵機が飛んでいたが、そのうちの1機は零戦で、離脱しようとする我々を追尾し始めたところ、軽巡洋艦からの対空砲火がこの零戦に命中し、墜落してしまった。

「敵艦隊の構成は大型空母2隻、巡洋艦4隻、軽巡洋艦6隻、駆逐艦8隻であった。（実際は空母「翔鶴」と「瑞鶴」に駆逐艦5隻である。）デイヴィス大尉は敵空母を爆撃する直前に『エンタープライズ』に敵艦隊の位置を連絡しており、爆撃後、至近弾2発を与えたことを打電した」

隣接した北側の海域では、J・ロウ大尉とR・ギブソン少尉が、別の日本艦隊を発見し、巡洋艦3隻と駆逐艦3〜5隻と報告している（実際は巡洋艦5隻、軽巡洋艦1隻、駆逐艦6隻、水上機母艦1隻）。彼らの報告は以下のとおりである。

「敵艦隊は速力20ノット（37km/h）で方位180度に航行中。B-13（ロウ大尉機）とB-5（ギブソン少尉機）は

第四章●ガダルカナルとソロモン諸島

48

11000フィート (3300m)まで旋回上昇し、一番大きい「愛宕」と思える巡洋艦に向かって、1510時に急降下を始めた。高度2500フィート (750m)で、1/100秒遅延信管を付けた500ポンド (225kg)爆弾を投下、緩降下を続け高度20フィート (6m)で反転、南へ向かって離脱した。ロウ大尉の爆弾は巡洋艦の右舷前方20ヤード (18m)に落下、ギブソン少尉の爆弾は艦首左舷前方25フィート (7.5m)に落下し、沸き上がった水柱が巡洋艦の艦首に激しく降り注いだ。敵巡洋艦は我々の進路に進行方向を合わせていたが、我々の急降下中に突然激しく右へ回頭を始め、ほぼ反転してしまった。対空放火は大口径、小口径とも激しかったが、射程が短くあまり脅威とはならなかった」

彼らが爆撃したのは10000トン級の巡洋艦「摩耶」であった。ギブソン少尉機は帰路燃料切れとなり、駆逐艦「ファラガット」の脇に着水し救助されている。この日、出撃した6機の第6爆撃飛行隊のドーントレスのうち、他の2機は、空母「エンタープライズ」攻撃から帰投する途中の日本機と遭遇し、これを迎撃している。一方、同時に出撃した第5偵察飛行隊は、敵を発見できず虚しく帰投した。

空母「龍驤」撃沈
Ryujo Sunk

8月24日、同じ日、空母「サラトガ」の航空群司令ハリー・フェルト中佐は、敵空母発見の知らせを受け、1430時に30機のドーントレスと8機のアヴェンジャー雷撃機を率いて出撃した。第1隊をD・シャムウェイ少佐が指揮し、第2隊はH・ボトムレイ大尉が指揮していた。ドーントレスのうち13機は、ミッドウェイで沈んだ「ヨークタウン」の第3爆撃飛行隊で、そのうちの10機はミッドウェイの生き残りであった。同じく、「ヨークタウン」の生き残りである第3偵察飛行隊もこの攻撃隊に参加していた。なお。第8雷撃飛行隊の8機のアヴェンジャーのうち1機は途中で引き返し7機となっている。

1610時に空母「龍驤」と護衛の巡洋艦「利根」と2隻の駆逐艦からなる敵艦隊を捕捉し、フェルト中佐は21機のドーントレスと5機のアヴェンジャーを「龍驤」に向かわせ、他には「利根」を攻撃させた。7機の零戦が艦隊を護衛

SBD-3が夕暮れの太平洋上空を飛んでいる。爆装していないので訓練か爆弾の必要がない偵察飛行の最中のものと思われる。僚機から撮られた一コマだが、偵察の各セクターを2機編隊で飛ぶのは、航法や援護を相互で補い合うためである。

していたが、アメリカ軍の攻撃を止めることはできなかった。ところが、多数で攻撃したにも拘らず、「龍驤」には至近弾しか与えられなかったので、フェルト中佐は急きょ、「利根」を攻撃していた部隊を「龍驤」にまわさせた。以下は当時の攻撃報告である。

「第2隊の第3爆撃飛行隊が巡洋艦への攻撃を開始する直前に、目標を空母に変えるよう指示された。第3爆撃飛行隊は高度15000フィート（4500m）で、それぞれ別の方角から急降下を始めた。皆、だいたい高度2000フィート（600m）で投弾し、海面すれすれまで降下し高速反転離脱した。対空砲火はそれほど激しいものではなかった。

「急降下開始の寸前に、約4機の九七艦攻が空母から発進するのが認められ、爆撃後反転離脱する際に、このうちの何機かと遭遇した。B-35番ドーントレスの後部銃手J・ゴッドフリーがこのうちの1機を銃撃。操縦員のA・ハンソン少尉により、その撃墜が確認された。低空での敵戦闘機による迎撃はなかった。敵空母は高速で右回りの回避行動を繰り返していた。

「1000ポンド（454kg）爆弾13発（接触信管付きMk19弾が7発、同Mk21弾が6発）が投下され、7.7mm機銃弾400発が消費された。このうち直撃弾が3発で、数発が極めて近い至近弾となった。また、さらに2発直撃弾があった可能性もある。魚雷も1発が右舷前方に命中したのが確認されている他、もう1発の命中も報告されている。敵空母は甲板の中央部から激しく煙を噴出し、格納庫からは炎が上がっていた。我々は攻撃後編隊を組み帰投した」

この攻撃隊の報告はかなり正確で、戦果は空母に爆弾の命中が3発、魚

第10偵察飛行隊のドーントレスが「エンタープライズ」上空を飛んでいる、1942年10月撮影の写真。機番S-13はS・B・ストロング大尉の搭乗機で、10月27日の南太平洋海戦で、日本軍航空母艦を爆撃する手柄を立てている。セイル13（S-13）は2機編隊で索敵飛行をしていたところ、隣の索敵セクターにいた日本艦隊の無線を傍受し発見、僚機のチャールズ・アーバイン少尉を伴い、わずか2機で空母「瑞鳳」を爆撃し、無事に帰還している。

第二次大戦のパイロットの中で最も優秀なひとり、ロバート・エルダー大尉。爆撃隊VB-3のパイロットとして、ミッドウェイ海戦と東ソロモン海戦に参加し、8月24日には、たったの2機で日本軍艦隊を爆撃している。その後、大尉はテストパイロットとしてP-51マスタングの水上機版「シーホース」の開発に加わり、後に初期のジェット機も操縦した。戦後は空母「コーラルシー」CVA43の艦長になった。除隊後は、ノースロップの開発部門に加わり、F-18ホーネットの原型となったYF-17の開発も手がけている。

雷が1発、巡洋艦には損傷なしと確認された。アメリカ軍機の損害はゼロであり、満足のいく攻撃であった[※3]。

帰路、10機のドーントレスが、九九艦爆と遭遇し空中戦を行っている。この日本軍機は空母「エンタープライズ」を攻撃した帰りの編隊であった。この空中戦で、第3偵察飛行隊と第3爆撃飛行隊が合計4機の九九艦爆を撃墜したと報告しているが、実際は1機も墜落はしなかった。

この後、同日1700時、「サラトガ」から第3爆撃飛行隊の2機のドーントレスと、5機のアヴェンジャーが、日本軍艦隊を求めて再び索敵に出撃し、1810時低い雲の下に戦艦1隻、巡洋艦5隻、駆逐艦6隻の艦隊を発見した。実際は戦艦「陸奥」と、11000トンの水上機母艦「千歳」、駆逐艦4隻であった。

ミッドウェイ海戦にも参加したロバート・エルダー大尉とその僚機は、たった2機の小さな攻撃隊となって果敢にこの日本艦隊に向かっていった。以下はその報告である。

「雲が切れると、敵艦隊の全容が見え、1820時に高度12500フィート（3750m）で西からアプローチを始めた。上空に敵の防空戦闘機はいなかったが、対空砲火はすさまじかった。西側から急降下をして、高度2000フィート（600m）で爆弾を投下、東側へ抜けて、低空を高速で飛び離脱した。2発の1000ポンド（454kg）爆弾を投下し、その内の1発が敵戦艦の煙突左舷前方に命中したのが確認され、煙突後方から激しい煙が少しの間噴き上げていた。もう1発も右舷中腹に命中した可能性があった。帰還したのは夜間になったが2機とも無事『サラトガ』に着艦できた」

エルダー大尉とR・ゴードン大尉が、戦艦と思って爆撃した艦は、実は艦隊の後部にいた水上機母艦「千歳」であった。爆弾も直撃ではなく両方とも至近弾であったが、船体が一部裂け、火災も発生して艦載機が破壊された。「千歳」はこの後、修理のため何カ月間も戦線に復帰できなくなっている。

ギブソン大尉の回想
Gibson's View

ロバート・ギブソン大尉は海軍の中で、もっとも経験をつんだドーントレスのパイロットのひとりであった。空母「エンタープライズ」の第6爆撃飛行隊として東ソロモン海戦（第二次ソロモン海戦）に参加し、その後ガダルカナルへ行き「フライト300」として戦い、さらに第10爆撃飛行隊に転属しサンタ・クルーズ島の戦闘にも参加している。ギブソン大尉は下記の提案を第6爆撃飛行隊の戦闘記録に書き残している。

「敵の位置、もしくはそのエリアが判っている時は、10度ずつの索敵セクターに1機ずつ索敵機を飛ばし、同時に攻撃隊の本隊も出撃して、最新報告の敵所在位置に向かって飛ぶとよい。索敵セクターは敵の推定所在位置を中心に扇状に広がっているので、攻撃隊は大抵の場合、索敵エリアの真ん中を飛んでいくことになる。索敵機が敵を発見した場合、攻撃隊本隊はかなり近い位置でその無電を受けることになり、発見から攻撃までの時間を大幅に短縮できる。こうすれば、敵にとっては索敵機に気づいてからの応戦準備の時間が減ることになり、また攻撃を受ける前に進路を変えて姿をくらますチャンスも減る。索敵機の敵発見情報を待って攻撃隊を発進していたのでは、敵を取り逃がすだけではなく、我々の攻撃隊が飛んでいる間に、敵も我々の母艦に向けて攻撃隊を繰り出せることになる。私の提唱す

る戦法を実践すれば、発見から素早く攻撃できるので、奇襲攻撃も可能になるはずだ。

「急降下爆撃から離脱する時は、敵の対空砲火の弾幕をかいくぐるわけだが、その際、敵弾が落ちたばかりの所を飛ぶようにするとよい。敵弾が落ちている所に飛びこんでいってはダメだ。敵は弾が当たらなければ照準を直して撃ってくるが、弾が落ちたばかりの所を飛び続けば、大抵の場合、逃げ切ることができる」

■「フライト300」とその他の飛行隊の活躍
Flight 300 and Friends

マングラム中佐も述べているが、ガダルカナル島の「カクタス・エアフォース」の中で最も活躍していたのは、空母「エンタープライズ」の混成部隊「フライト300」だった。「フライト300」は、第5偵察飛行隊の8機と、第6爆撃飛行隊の3機から成り、第5偵察飛行隊のターナー・キャルドウェル大尉に率いられ、8月24日、東ソロモン海戦の行われているさなか、ガダルカナル島にやって来た(「フライト300」という通称は、月間の作戦飛行予定の過密ぶりがその由来であった)。ガダルカナル島に移った翌日の8月25日には、輸送船「金龍丸」を撃沈している。同じ日、マングラム中佐の海兵飛行隊も出撃し、軽空母「神通」に損傷を与えている。

3日後には「フライト300」は駆逐艦「朝霧」と「白雲」を攻撃し、「朝霧」を撃沈、「白雲」に損傷を与えている。海兵隊も駆逐艦「夕霧」に損傷を与えた。この度重なる損失から日本軍は、ヘンダーソン基地にアメリカ軍機がいる限り、昼間の海上輸送は損耗が激しすぎると判断し、ガダルカナル島への補給作戦を練り直すことになった。

「フライト300」は9月27日まで、35日間ガダルカナル島に駐留していたが、その間、ほぼ毎日のように出撃し、その生活は、厳しい南海の気候も合わせ、航空母艦要員であった彼らには相当にきつい試練となった。

ガダルカナル島のヘンダーソン基地にはこの他に、海軍のドーントレス隊が4隊勤務していたので、以下に記しておく。

第3偵察飛行隊(VS-3)
1942年8月下旬に空母「サラトガ」が雷撃され損傷を被り、その際L・カーン少佐に率いられ部隊はエスピリ・サントに移ったが、ガダルカナル島の慢性的な飛行機不足を補充するため、9月6日から10月17日までヘンダーソン基地に派遣されていた。

第71偵察飛行隊(VS-71)
9月15日の空母「ワスプ」の沈没により、同艦所属の11機が、ジョン・エルドリッジ少佐に率いられ9月28日から11月7日まで、ガダルカナルの「カクタス・エアフォース」に所属した。エルドリッジ少佐はこの間に大活躍し、「カクタス」でもっとも優秀な隊長と称された。

第10爆撃飛行隊(VB-10)
A・トーマス少佐に率いられ、空母「エンタープライズ」から11月13日から16

日まで派遣されていた。

第10偵察飛行隊(VS-10)
J・リー少佐に率いられ、空母「エンタープライズ」から11月13日から16日まで派遣されていた。

ガダルカナルの海兵飛行隊
More Marines

　9月から12月にかけて、海兵隊からもドーントレスの飛行隊が5隊、ガダルカナル島に派遣され「カクタス・エアフォース」として活躍している。

第231海兵偵察爆撃飛行隊(VMSB-231)
海兵隊からガダルカナル島に派遣されてきた2番目のドーントレス隊である。8月30日にレオ・スミス大尉に率いられ、16機で着任したが、同隊は10月16日に引き上げるまでに操縦員3名が戦死、1名が負傷している。戦死者の1名は、スミス少佐の交替で隊長として着任したルーベン・アイデン大尉で、9月20日に不時着水した際に死亡した。後任にはミッドウェイ海戦に参加したエルマー・グリデン大尉が着任している。

第141海兵偵察爆撃飛行隊(VMSB-141)
この部隊は1942年当時、ガダルカナルに派遣された最大規模の飛行隊で39機のドーントレスで構成されていた。9月23日にゴードン・ベル少佐に率いられ先遣隊が着任、後続隊は10月5日と6日にかけてヘンダーソン基地に飛来した。この部隊は2カ月間の駐留で14名の戦死者を出している。とくに10月14日の日本軍による爆撃では、士官クラスが全員戦死し、ベル少佐の後任となったW・アッシュクラフト中尉も11月8日に戦死している。部隊は11月19日に同島から移動した。

第132海兵偵察爆撃飛行隊(VMSB-132)
この部隊はジョーゼフ・セイラー少佐に率いられ11月1日にガダルカナル島に着任したが、月末までに2名が戦死。セイラー少佐も12月初旬に作戦行動中に戦死している。後任にはL・B・ロバートショウ大尉が着任した。

第142海兵偵察爆撃飛行隊(VMSB-142)
ロバート・リチャード少佐に率いられ10機のドーントレスで11月12日にガダルカナル島に着任。この部隊は、同島で日本軍相手に主要な戦闘をする最後のドーントレス隊となった。年末まで戦闘での戦死者も出さず、部隊は翌年の1943年4月下旬までヘンダーソン基地に駐留していた。

第233海兵偵察爆撃飛行隊(VMSB-233)
この部隊は、クライド・マチソン少佐に率いられ12月12日にガダルカナル島に着任したが、すでに日本軍との戦闘はほとんど行われることもなくなっており、1944年の3月まで1年以上、同島にそのまま駐留した。途中装備機はアヴェンジャーと交替され、部隊名も第233海兵雷撃飛行隊(VMTB-233)と改名されている。

ガダルカナル島の海軍ドーントレス隊
The Navy Ashore

　ルイス・カーン少佐は第3偵察飛行隊を率いて、1942年9月6日から10月17日までガダルカナル島に駐留したが、当時のヘンダーソン基地の模様がよく分かる回想を残している。

「ガダルカナルに着いてみると、我々には食事の配給はおろか寝起きする場所すら用意されていなかった。機体の整備も第1基地施設隊（CUB-1）の分隊に整備兵がいるはずだったが、全員輸送船からの荷降ろしにかかりきりで、弾薬や燃料の補給ぐらいしかしてくれなかった。海兵隊にもかけ合ってみたが、テント2張りとベッドをいくつか分けてくれただけで、機体の整備や我々の食事の面倒までは見てくれなかった。それでも、我々の部隊の何人かは、ガダルカナルの資材不足を見越して、エスピリト・サントからベッドと蚊帳を運び込んでいたので、何とか当面はそれで都合をつけることができた。

「基地にはいろいろな飛行隊が派遣されてきていたので、混乱しており統率が取れず、作戦を立てるのも大変だった。私の部隊のほかに、海兵隊の2飛行隊の生き残りたちと、8月24日に損傷した『エンタープライズ』からやって来た、海軍の偵察隊と爆撃隊の寄せ集め『フライト300』がひとつの基地にいたのだ。作戦行動は、飛べる者が飛べる飛行機を集めて出撃するという状態だった。

「我々の指揮所用のテントは、土埃のひどい一角の真ん中にあり、機銃弾と爆弾が周りに積み上げてあった。今にして思うとひどい環境で危険でもあったが、あの基地にいるとそれが当たり前の生活になり、なんとも思わず平気で暮らすようになっていた。

「我々の作戦行動はいつも索敵と、攻撃の繰り返しだった。5週間で20回出撃して、敵艦船を94隻攻撃した。混成部隊で出撃していたので、戦果があがっても、特定の部隊の手柄とはしないようにしていた。たとえば、私の部隊はどの作戦にも参加していたが、どの戦果も私の部隊だけの功績とはしなかった。混成部隊といっても、全機出撃で6〜7機というときもあった。

「この時期の我々は機体と搭乗員が常に不足しており、攻撃力が不十分で、戦果も満足のいく内容のものはなかなかあげられなかった。攻撃目標はたくさんあったが、たいていが動きの早い駆逐艦で、何度爆撃を繰り返しても、なかなか命中しなかった。うまい投弾ができたと思っても、至近弾で水柱しか上がらないのを見るのは、ほんとに癪に障った。

「我々は5〜6機という少ない機数で出撃するのが常だったので、攻撃する時は全機で1隻だけを狙うのを戦術としていた。というよりも、そうするしかない状況だった。出撃するまで、どの機体が飛べるのかも分からなかったし、攻撃の指揮をとる者も、出撃直前に一番経験豊富な者を選んで、隊長とするという具合だったのだ。たいていは離陸してからの編隊を組む場所や、攻撃の詳細を打ち合わせる暇もなかった。

「激しい戦闘と劣悪な環境にもかかわらず、我々の士気は、銃手や、整備兵に至るまで、とても高かった。ただ、パイロットの中に1〜2名、落ち込んで悲観的になっている者がおり、他の隊員の士気に影響しかねないので、シャンとさせなければならなかった。それ以外は、全員とくに不平もいわず、

与えられた任務も嫌がらずにこなしていた」

ガダルカナル戦での損耗率
Rate of Attrition

　ガダルカナルに駐留したドーントレス隊は8月から11月の間に、45人のパイロットと29人の銃手が命を落とし、このほか何十人もが負傷や病気などで島から移されている。

　パイロットの死亡数が異常に高いのは、死亡率が66パーセントに達した海兵隊の第141海兵偵察爆撃飛行隊の存在があったからだが、彼らの記録を見ると、戦闘以外にもいろいろな危険があったことがよく分かる。

　第141海兵偵察爆撃飛行隊は1942年の9月にアメリカ本土から43人のパイロットとともにガダルカナル島に向かったが、パイロットの何人かは、急降下爆撃の訓練を10時間しか受けていなかった。そのうちのひとりは、ガダルカナルに到着する1000マイル（1600km）も手前のニューカレドニアで、すでに戦闘恐怖神経症を発症してしまい、ひとりは護衛空母「コパビー」からの発艦に失敗し事故死している。さらに3人がサモア島で、輸送機C-47の墜落事故により命を落としていた。

　ガダルカナル島に着いてからの損耗はいっそう激しく、戦闘や事故、病気などで、10月2日から11月13日の5週間で、27人のパイロットが死亡し、9人が負傷して島から移されている。パイロットの四分の三がマラリアに罹ったが、補充不足を理由に島外に移されたのはたったの2人であった。銃手も19人が死亡もしくは行方不明になり、地上勤務士官もひとりが爆撃で死亡し、ひとりが足を骨折している。

　過重な作戦行動が続き、連日のように死傷者が出るうえ、6週間で10人の隊長が交替するなど、部隊の士気は下がる一方だった。それでも出撃できる隊員たちは、毎日2～3時間は作戦に従事し、日本軍を攻撃し続けた。当時の軍医の報告書が残っている。

　「操縦員たちは、激務と劣悪な居住環境の中、毎日のように戦友の死をも目のあたりにし、肉体的にも精神的にも、人間が許容できる限界を超えていたが、それでもガダルカナル島を守り抜くために戦い続けていた」

1942年10月の戦闘
October Combat

　10月は、日本軍に対する艦船攻撃で目立つ戦果をあげた日が3回あった。10月5日に第3偵察飛行隊が駆逐艦「峰雲」に損傷を与え、12日には、ドーントレスと第8雷撃飛行隊が駆逐艦「愛雲」を撃沈し、第71偵察飛行隊と他の2部隊が駆逐艦「夏雲」を撃沈した。25日には、エルドリッジ少佐が第71偵察飛行隊を率い、陸軍のP-39戦闘機とB-17爆撃機と協同し、巡洋艦「由良」を撃沈し、駆逐艦1隻に損傷を与えた。

　10月26日は、四度目になるアメリカ海軍と日本海軍の空母同士の海戦も行われた。日本陸軍と海軍は珍しく協同作戦で、ガダルカナル島を陸と海から攻撃し占領しようと企てた。アメリカ軍情報部がこの作戦を探知し、25日の夜、飛行隊士官は作戦会議を開き、索敵情報などからも、翌26日には戦闘が起きると確信した。

　この時の模様を伝える18歳の三等通信士の回想が残されている。デイ

1942年10月、第10偵察飛行隊に入隊した18歳のデイヴィッド・カウリー三等通信士。彼の最初の戦闘体験は、K・B・ミラー中尉とともに出撃した南太平洋海戦で、彼の小隊は日本軍の戦艦艦隊を発見している。カウリーはその後の前線勤務でも「エンタープライズ」に残り、1943年から1944年にかけて、J・D・ラメイジ少佐の機に銃手として搭乗した。大戦後も海軍に残り、パイロットとなり、除隊した時は中佐にまで昇進していた。(David E Cawley)

ヴィド・カウリー三等通信士は、空母「エンタープライズ」の第10偵察飛行隊に着任したばかりであった。8月25日の朝3時に起こされると、1時間後にK・ミラー大尉の機に搭乗し、ハワード・バーネット大尉とR・ウィン通信士の機とともに、索敵飛行の任務につくよう命令された。2機のドーントレスは、雲が40パーセントの密度で広がる早暁の空を、高度1800フィート（540m）で飛行した。南太平洋の激戦の始まりである。

「我々は指示された北西方向に向かい、まばらに広がる積雲の下を、高度1200フィート（360m）で、巡航速度を保って飛んでいた。私はキャノピーを開け、安全装置をかけて機銃を外に出していた。寒かったが、視界はよかった。

「1時間半ほど飛んだ頃、まっすぐ前方の水平線にわずかな突起が見えたので、ミラー大尉にインターコムで報告し、2人でそれが船のトップ・マストに間違いないと確信した。距離は30マイル（48km）ぐらいだろうと思った。私は僚機に手を振ってその方角を合図し、2機とも水平線からその突起が見えなくなるまで高度を下げ、8マイル（12.8km）ほどさらに飛んだ。

「前方を確認するために高度を再び上げると、12〜15マイル（19〜24km）の所に敵艦隊が整然と隊列を組んで航行しているのが目に飛び込んできた。艦橋の大きな『金剛』型の戦艦が、4隻の巡洋艦と6〜8隻の駆逐艦と共に、約20ノット（37km/h）で南に向かって進んでいた。

「我々はすぐに電文を書き上げ、敵艦隊発見の報告を2回連続で打電した。『エンタープライズ』は無線封鎖をしているので、確認の応答はなかった。

「我々は敵艦隊まで、もう4〜5マイル（6〜8km）にまで近づいており、どうするかと周りを見まわすと、バーネット大尉機が右側に上昇していくのが見えたので、反転して我々も彼の機に従って上昇を始めた。2機とも500ポンド（225kg）爆弾を積んでいた。我々は高さ10000フィート（3000m）を越える大きな積乱雲の間を縫って上昇を続けていたが、あたりを見まわしても日本軍機は1機も飛んでいなかった。

「高度8500フィート（2550m）まで上昇したとき、バーネット大尉の機は我々から北へ1マイル（1.6km）、2000フィート（600m）上方を飛んでいたが、敵艦隊に向かって西側に旋回するのが見えた。ミラー大尉に伝えると、彼は機体を旋回させ、我々はバーネット大尉機とともに敵に向かっていった。バーネット大尉機は敵艦隊の左舷中央から半分ほど前方、我々の機はちょうど左舷中央から、それぞれ攻撃態勢に入った。この間、敵艦隊は速度も変えずにまっすぐ航行していた。

「我々がかなり近づくまで、敵艦隊は整然と隊列を組んで南に向かっていたが、80度の急降下体勢に入った時、重巡洋艦が我々に向かって舵を切り、信号灯を点滅させてきた。我々に識別信号の返答を促しているのが分かったが、もちろんそんなシグナルを返せるわけもなく、降下を続けると、敵は相変わらず信号灯を点滅させ続けていた。我々はダイブ・フラップを下げ、投弾機の安全装置を解除し、爆撃準備を完了した。

「すると敵巡洋艦が我々に向かって一斉射撃を始め、すぐに他の敵艦も撃ち始めた。私は後席で立ち上がり、片手で機銃に摑まりながら身を乗り出して、主翼越しに敵艦隊を見回していた。敵の弾がぜんぜん飛んでこないのを不思議に思っていると、突然、周りで灰色、黒、銀、青と色々な閃光が走り、曳痕弾が長い尾を引いて飛んできた。1発が右翼の下をかすめ、1発

海兵隊の第132海兵偵察爆撃飛行隊隊長ジョーゼフ・セイラー少佐は1942年3月から9カ月間同部隊を指揮した。10月下旬に部隊とともにガダルカナルに着任し、以後5週間で25回の出撃と、12回の爆撃を行い、連日のように出撃していた。指揮官としての才能に優れ、基地の航空群を指揮するようにもなったが、1942年12月7日、日本軍駆逐艦を攻撃中、零戦に撃墜され戦死、海兵隊で死亡した4番目の爆撃隊司令官となった。彼の部下たちは「ジョー・セイラーは太平洋でベストのダイブ・ボマーだった」と評している。（Alex White）

がすぐ後ろで破裂し、まるでショットガンで撃たれた缶の中にいるようなすごい音がした。爆弾を投下し、フラップを閉じ、離脱したが、どこに着弾したかはぜんぜん分からなかった」

2機が爆撃したのは巡洋艦「利根」であった。2発とも至近弾となったが、「利根」に損害はなかった。

「対空砲火はとても激しく、我々が海面から50～100フィート（15～30m）にまで急降下し、東に向かって高速で離脱しても止まなかった。戦艦が我々に向かって主砲を撃ち始め、近くに着弾したら大きな水柱でやられてしまうかもしれなかった。回避運動を続けたが、近くに撃ち込まれ危なかった。驚いたことに、この対空砲火は我々が15マイル（24km）離れ、敵の艦橋が水平線下に消えるまで続いた。

「敵が水平線の向こうに消え、弾がやっと飛んでこなくなり、初めてミラー大尉と私はお互いが無事だと確認しあった。機体のほうはどうだかよく分からなかったが、とにかく飛んではいたし、どこにも支障はなさそうだった。が、バーネット大尉の機はどこにも見えなかった」

ミラー大尉とカウリー通信士の機は、「エンタープライズ」との予定合流点まで戻ってきたが、その時アメリカ艦隊は、何マイルも離れたところで、日本軍機の攻撃を受けていた。YE-ZB帰還シグナルを頼りに飛んで行くと、見慣れた艦影が見え、着艦しようと近づいたが、その空母は「ワスプ」で、しかも九九艦爆の攻撃を受けている最中であり、対空砲火を撃ちまくっていた。あわてて反転すると、南10マイル（16km）の雨雲のスコールの中から彼らの母艦「エンタープライズ」が姿を現してきた。

彼らは5時間に及ぶ飛行を終え、ようやく「エンタープライズ」に帰還できた。しかし安堵する間もなく、日本軍機が攻撃してきた。彼らのドーントレスが、格納庫に下ろされた直後、彼らの乗っていた昇降機に直撃弾が落ち、カウリー通信士はデッキに叩きつけられたが、幸いにして怪我はなく無事であった。

1943年の前半に、戦闘機隊が1マイル東隣の基地に移り、ヘンダーソン基地は攻撃機隊が占有するようになった。6月にはドーントレス隊は3飛行隊であったが、12月までに5飛行隊に増強され、ニューブリテン島ラバウルの日本海軍航空隊への圧力を増していった。

空母「翔鶴」爆撃
Vose over Shokaku

　同じ頃、アメリカ機動部隊の爆撃機と雷撃機も日本軍空母攻撃に向かっていた。飛行中に日本軍の攻撃隊と出会い空中戦となり、「エンタープライズ」の攻撃隊は零戦の攻撃で編隊を崩してしまったが、「ホーネット」の攻撃隊はそれほどの攻撃も受けず目標地点に到達した。攻撃隊のうち第8偵察飛行隊の15機のドーントレスは、ガス・ウィデルム少佐に率いられ、第8爆撃飛行隊はモー・ヴォーズ大尉が率いていた。ふたりともミッドウェイ海戦を経験しているベテラン・パイロットであった。以下はヴォーズ大尉の回想である。

「出撃して程なく、高度5000フィート（1500m）で飛んでいると、上空を日本軍機の編隊が通り過ぎて行くのが見えたが、目標は敵空母だけに絞ろうと決心した。ほどなく日本の艦隊が見え、ウィデルム少佐の隊と私の隊は、一緒に編隊を組み、零戦の迎撃をかわしつつ、数隻の巡洋艦を飛び越し、敵空母に向かって行った。ところが少佐の機は、空母が見えてきたところで被弾し、不時着水してしまった」

　ウィデルム少佐と、銃手は後に救助されている。

「少佐の隊は、私の隊に従い、私が最初に急降下を始め攻撃態勢に入った。『翔鶴』に3発命中するのが見え、零戦の追撃をかわしながら波頭すれすれに飛び離脱した。

「零戦はほどなく追撃をやめ、我々は機動部隊の近くに戻ってきた。味方識別の合図──左に旋回し、左翼を2回下げる──をちゃんとやったが、味方からひとしきり対空砲火を食らってしまった。艦隊は日本軍機から激しい攻撃を受けた直後だったので、敵機と間違えられるのは無理もない話であった。我々の母艦『ホーネット』は損傷が激しく、着艦は無理だったので、『エンタープライズ』に降りることになった。ところが『エンタープライズ』も被弾しており、前方の昇降機が下がったままになっていたので、着艦する時は絶対に一番手前の制動索を引っ掛けなければならなかった。前方にポッカリと昇降機の大穴が開いている甲板に着艦するときの不安な気分は、今でもありありと思い出せる。

「無事着艦したら、士官のひとりフレッド・ベイツが、『翔鶴のデッキのかけらだ』と言って木片を渡してくれた。私の爆弾が命中した時、『翔鶴』のデッキからその木片が彼のコクピットに飛び込んできたというのだった」

　「翔鶴」攻撃での、第8偵察飛行隊と第8爆撃飛行隊の損失は、ウィデルム少佐の第8偵察飛行隊では少佐を含めて2機が撃墜され、2機が途中で離脱している。第8爆撃飛行隊も2機のドーントレスが撃墜されているが、敵機を2機撃墜してもいる。

　ヴォーズ大尉は、母艦の「ホーネット」が日本軍の爆撃と雷撃で大破してしまったため、彼の飛行隊ごと「エンタープライズ」の所属となった。1年後、大尉は空母「バンカーヒル」（CV-17）の第17爆撃飛行隊の隊長として、カーチスSB2Cヘルダイヴァーの初の作戦行動を指揮している。

1942年11月 クライマックス
November Climax

11月2日、ガダルカナル島では、第71偵察飛行隊の隊長、ジョン・エルドリッジ少佐が暴風雨の中で消息をたち、行方不明となった。39歳のエルドリッジ少佐は、「カクタス・エアフォース」の中で最も経験豊かな指揮官であり、ガダルカナルのドーントレス隊にとって、悲痛な月始まりとなってしまった。

11月7日、日本軍はガダルカナル島に1300名の増援部隊を上陸させようと、同島とニュージョージア島の海峡「ザ・スロット」を11隻以上の艦艇で急航してきた。海兵隊のジョーゼフ・セイラー少佐が、第132海兵偵察爆撃飛行隊と雷撃隊を率いてこの日本軍船団を襲撃した。激しい対空砲火と、何機もの水上戦闘機の迎撃を受けたが、駆逐艦「高波」と「長波」の2隻に大きな損傷を与えた。が、日本軍は上陸を強行し、翌日の晩にはさらに大きな増援部隊を送り込んできた。セイラー少佐は10日にも出撃したが戦果はあげられなかった。

セイラー少佐は12月7日に戦死するが、ガダルカナル島で、11月から12月にかけて37日間という短い期間に、多くの戦功をあげている。26回出撃し、総作戦飛行時間は63.6時間。毎回の出撃で0.8から4.2時間飛行し、平均飛行時間は2.5時間であった。19回の攻撃を指揮、もしくは参加し、12回日本軍と交戦し、投下した爆弾9発のうち6発は命中弾となっている。さらにこの間、観測飛行を5回、偵察飛行も3回行っている。最も出撃が集中したのは11月13日と14日の「バトル・オブ・ザ・スロット」（第三次ソロモン海戦）で、4回出撃し、1日の作戦飛行時間は6～7時間に達した。この時の戦艦「比叡」と巡洋艦「衣笠」への爆撃が、セイラー少佐にとっては最も大きな戦功となった。

この11月中旬に行われた激しい戦闘は、ガダルカナル島航空戦のピークでもあった。13日に、空母「エンタープライズ」の第10航空軍に増援された海兵隊のドーントレス隊とアヴェンジャー隊が、前夜の海上戦で損傷した戦艦「比叡」を攻撃し撃沈した。翌14日には、海軍と海兵隊の飛行隊が、ヘンダーソン基地を砲撃し引き上げる途中の日本軍巡洋艦隊を追撃し、セイラー少佐率いる第132海兵偵察爆撃飛行隊の、R・ケリー大尉が、500kg爆弾を巡洋艦「衣笠」の艦橋に命中させ、艦長以下士官多数が爆死した。「衣笠」はさらに海軍の第10爆撃飛行隊と第10偵察飛行隊の爆撃を受け、10500トンの巡洋艦は炎上浸水し、最初の被弾から3時間を経ず沈没した。「衣笠」爆撃後、第10爆撃飛行隊の数機は巡洋艦「摩耶」を爆撃、P・ハロラン少尉のドーントレスが被弾し、そのままメインマストに突っ込み、左舷12.5cm砲砲塔を破壊、37人の水兵が死亡し、同艦は火災を発生した。姉妹艦「鳥海」は第10偵察飛行隊の爆撃を受け被弾、艦首が浸水した。「エンタープライズ」の攻撃隊は、海兵隊の第13海兵偵察爆撃飛行隊と第142海兵偵察爆撃飛行隊と共に、この他に2隻の輸送船も撃沈している。

日本軍はこうした損害にもかかわらず、この日も増援の上陸部隊を送り込み、「ザ・スロット」で、さらに4隻の輸送船が海兵隊のドーントレスによって沈められている。沈没を免れた輸送船が4隻、夜陰に乗じ岸に着いたが、これらもヘンダーソン基地の飛行隊の格好の標的となった。

ドーントレスの飛行隊は、11月14日の1日の戦闘で、海軍と海兵隊を合わ

せ、4隻の巡洋艦と駆逐艦1隻を含む10数隻の日本軍艦船を爆撃し、そのうちの7隻を沈めるという大活躍をしている。

ガダルカナルの「カクタス・エアフォース」は8月からこの11月中旬までの戦闘で、日本軍艦船を20隻沈め、その内訳は、輸送船14隻、駆逐艦3隻、巡洋艦2隻、戦艦1隻（艦対戦ですでに損傷していた「比叡」）となっている。また損傷を与えた艦船も、輸送船3隻、駆逐艦7隻、巡洋艦4隻の、合計14隻にのぼる。

1942年12月　終局
December Denouement

12月になると、セイラー少佐の率いる第132海兵偵察爆撃飛行隊は、ヘンダーソン基地の中で最古参の飛行隊となっていた。

セイラー少佐機の銃手は、いつもはハワード・スタンレイ通信士（17歳で海兵隊に入隊し、自家用飛行機の免許ももっていた）であったが、12月7日、真珠湾奇襲の1周年となるこの日、別の銃手とともに6機の編隊を組んで出撃した。攻撃目標は、基地から160マイル（256km）離れた、ニュージョージア島付近に現れた日本軍駆逐艦である。セイラー少佐は爆弾を敵艦に命中させたが、その後も上昇せず超低空を異常に遅い速度で飛んでいた。少佐は無線でダイブ・ブレーキが閉じないと伝えてきたが、ドーントレスはダイブ・ブレーキを開いたままでは、速度が出ず水平飛行を維持できないので、それは少佐機がそのまま着水するしかないことを意味していた。少佐機が海面すれすれをかろうじて飛んでいると、零式観測機が6時の方向から接近し、7.7mm機銃で銃撃を始めた。隊員たちが息を呑んで見守る中、少佐のドーントレスは背面にロールするとそのまま海面に激突した。ジョーゼフ・セイラー海兵隊少佐はこの時35歳、ともに戦死した銃手のJ・アレクサンダー通信士は20歳であった。

1942年ドーントレス戦果総計
The 1942 Box Score

1942年の1年間で、ドーントレスが沈めた敵艦船は、他機と協同のものも加えると、空母6隻、戦艦1隻、巡洋艦3隻、駆逐艦6隻、またその前年の開戦直後に潜水艦1隻を撃沈しており、これも加えると20万トン近くの戦果をあげたことになる。このほか、ドーントレスはガダルカナルで合計14隻の輸送船も沈めている。

駆逐艦「菊月」	5月4日	ツラギ
軽空母「翔鵬」	5月7日	珊瑚海
空母「赤城」	6月4日	ミッドウェイ
空母「加賀」	6月4日	ミッドウェイ
空母「蒼龍」	6月4日	ミッドウェイ
空母「飛龍」	6月4日	ミッドウェイ
巡洋艦「三隈」	6月6日	ミッドウェイ
軽空母「龍驤」（アヴェンジャーと協力して撃沈）	8月24日	東ソロモン
駆逐艦「朝霧」	8月24日	ガダルカナル
駆逐艦「叢雲」	10月12日	ガダルカナル
駆逐艦「夏雲」	10月12日	ガダルカナル
巡洋艦「由良」（アメリカ空軍と協力して撃沈）	10月25日	南太平洋

戦艦「比叡」（アヴェンジャーと協力して撃沈）	11月13日	ガダルカナル
巡洋艦「衣笠」（アヴェンジャーと協力して撃沈）	11月14日	ガダルカナル

　この年、アメリカ海軍と海兵隊のあげた戦果で、ドーントレスがあげた以外のものは、戦艦1隻、巡洋艦1隻、駆逐艦11隻と、アメリカ空軍の沈めた駆逐艦4隻に過ぎず、真珠湾奇襲からの1年、日本海軍最大の敵は実はドーントレスだったともいえるのではないだろうか。

　この1年で行われた四度の空母同士の海戦で、ドーントレスは爆弾を183発、敵空母9隻に投下し、そのうちの40発が命中弾となっている。命中率20パーセント以上となるが、標的が巡洋艦やとくに駆逐艦など、サイズが小さくなると、命中率も15パーセントくらいにダウンしてしまう。命中率に関して最悪の例では、6月6日にミッドウェイで行われた駆逐艦「谷風」攻撃がある。6個の飛行隊が40機以上のドーントレスで爆撃したが1発も命中せず、さらに2機のB-17が79発の爆弾を投下したが、たったの1発が至近弾となっただけであった。巧みに操艦する駆逐艦に対しての爆撃が、いかに難しいものか容易に察せられる記録である。

■SBDドーントレス飛行隊編成状況　1942年12月　（アメリカ本土除く）

海軍

第3爆撃飛行隊（VB-3）	SBD-3	17機	空母「サラトガ」（CV-3）
第6偵察飛行隊（VS-6）	SBD-3	18機	空母「サラトガ」（CV-3）
第10爆撃飛行隊（VS-10）	SBD-3	16機	空母「エンタープライズ」（CV-6）
第10偵察飛行隊（VS-10）	SBD-3	16機	空母「エンタープライズ」（CV-6）
第11爆撃飛行隊（VB-11）	SBD-3	18機	ハワイ島
第11偵察飛行隊（VS-11）	SBD-3	18機	ハワイ島
第26護衛空母偵察飛行隊（VGS-26）	SBD-3	8機	空母「サンガモン」（ACV-26）
第29護衛空母偵察飛行隊（VGS-29）	SBD-3	9機	空母「サンティー」（ACV-29）

海兵隊

第132海兵偵察爆撃飛行隊（VMSB-132）	SBD-3	15機	ガダルカナル島
第142海兵偵察爆撃飛行隊（VMSB-142）	SBD-3	20機	ガダルカナル島
第233海兵偵察爆撃飛行隊（VMSB-233）	SBD-4	18機	ニューカレドニア島
第234海兵偵察爆撃飛行隊（VMSB-234）	SBD-4	18機	ニューカレドニア島
第241海兵偵察爆撃飛行隊（VMSB-241）	SBD-3	17機	ミッドウェイ島

合計　208機

　ソロモン周辺のドーントレス飛行隊は、1943年6月の時点では、3飛行隊であったが、その年の暮れまでには5飛行隊となり、翌1944年にはさらに増えていった。増強されていく航空兵力のもと、連合軍は1943年の暮れまでに、ソロモン諸島を、ラッセル島（2月21日）、ニュージョージア島（6月30日）、ブーゲンビル島（11月1日）と次々に攻略していった。

　ニュージョージア島攻撃では、ガダルカナル島の「カクタス・エアフォース」のドーントレス各隊も、航続距離内であるため作戦に参加した。第11爆撃飛行隊、第21爆撃飛行隊、そして海兵隊の第144海兵偵察爆撃飛行隊、の3隊であるが、第11爆撃飛行隊は海軍のドーントレス隊の中では、数少ない陸上基地所属の部隊であった。この部隊はもともとは空母「ホーネット」所属であったが、「ホーネット」が南太平洋海戦で沈んでしまったため、母艦を失い、他の空母にも行き場所がなく、1943年の4月から6月にかけ、ガダル

カナル島のヘンダーソン飛行場所属の陸上基地部隊となっていたのである。後にこの部隊は1944年から1945年にかけて、新造された空母、新「ホーネット」の所属となっている。

■SBDドーントレス飛行隊編成状況　1943年6月　（アメリカ本土除く）

海軍

部隊	機種	機数	配備
第3爆撃飛行隊（VB-3）	SBD-3/4	18機	空母「サラトガ」（CV-3）
第9爆撃飛行隊（VB-9）	SBD-4	16機	空母「エセックス」（CV-9）
第11爆撃飛行隊（VB-11）	SBD-3	18機	ガダルカナル島
第12爆撃飛行隊（VB-12）	SBD-3	19機	ハワイ島
第13爆撃飛行隊（VB-13）	SBD-3/4	17機	空母「サラトガ」（CV-9）
第21爆撃飛行隊（VB-21）	SBD-3	19機	ガダルカナル島
第22爆撃飛行隊（VB-22）	SBD-3/4	19機	ハワイ島
第23偵察飛行隊（VS-23）	SBD-4	9機	空母「プリンストン」（CVL-23）
第26混成飛行隊（VC-26）	SBD-3	9機	ニューヘブリデス島エファテ
第28混成飛行隊（VC-28）	SBD-3	9機	ニューヘブリデス島エファテ

海兵隊

部隊	機種	機数	配備
第132海兵偵察爆撃飛行隊（VMSB-132）	SBD-3	45機	エスピリト・サント
第141海兵偵察爆撃飛行隊（VMSB-141）	SBD	21機	ニュージーランド島オークランド
第142海兵偵察爆撃飛行隊（VMSB-142）	SBD-3/4	37機	ナンディ、エファテ
第144海兵偵察爆撃飛行隊（VMSB-144）	SBD	21機	ガダルカナル島
第151海兵偵察爆撃飛行隊（VMSB-151）	SBD	20機	フナフティ、サモア島
第234海兵偵察爆撃飛行隊（VMSB-234）	SBD-4	15機	ナンディ
第235海兵偵察爆撃飛行隊（VMSB-235）	SBD	17機	ミッドウェイ島
第236海兵偵察爆撃飛行隊（VMSB-236）	SBD	18機	ハワイ島
第241海兵偵察爆撃飛行隊（VMSB-241）	SBD-4	21機	ツツイラ、サモア島
第243海兵偵察爆撃飛行隊（VMSB-243）	SBD	15機	ジョンソン島
第244海兵偵察爆撃飛行隊（VMSB-244）	SBD	23機	ミッドウェイ島

合計 406機

｜「ボミング・イレブン」第11爆撃飛行隊
'Bombing Eleven' at Guadalcanal

　偵察爆撃の戦果を左右する鍵は、操縦士と銃手のチームワークの質によるところが大である。ここでひとつ稀有にして最良の例をあげよう。

　エドウィン・ウィルソン大尉とハリー・ジェスパーセン通信士は、1942年にペアを組んで以来、1943年にガダルカナルで戦闘に参加し、1944年には空母「ホーネット」に移り、1945年まで異例の長期間ペアを維持し続けた。その間ドーントレスからヘルダイヴァーへ機種改変などもあったが、あうんの呼吸ともいえる優れたチームワークをもって、多くの戦果をあげた。

1943年4月23日、第16爆撃飛行隊のSBD-4が「レキシントン」から発進している一コマ。

左頁下●第11爆撃飛行隊のエドウィン・ウィルソン中尉が、搭乗機の前でポーズを取っている。第11爆撃飛行隊は1942年後半か、1943年前半に空母「ホーネット」(CV8)に配属されるはずであったが、同艦が10月の南太平洋海戦で沈没したため、同艦の全飛行隊とともに、1943年4月にガダルカナル島に配属となり、その年の夏まで駐留し、日本軍の基地と艦船の攻撃任務についていた。ウィルソンと彼の銃手ハリー・ジェスパーセンは、2回目の前線勤務でもペアを組み、1944年から1945年にかけて、新「ホーネット」でSB2Cヘルダイヴァーに搭乗している。
(Rear Adm Edwin H Wilson)

ウィルソン大尉は戦後も海軍に留まり少将となって退官したが、50年の昔を振り返り、優れた銃手兼通信員との連携が、いかに重要であったかを以下のように述べている。
「第11爆撃飛行隊が、1942年10月10日にカリフォルニア州サンディエゴのノースアイランド海軍基地で編成されたとき、私のもとに銃手としてやって来た17歳の若者が、ハリー・ジェスパーセン三等通信士だった。部隊は空母『ホーネット』に所属する予定だったが、『ホーネット』は同じ月にサンタクルーズで撃沈されてしまったので、行くべき母艦のない我々はガダルカナル島に送り込まれた。1943年の4月23日から8月9日まで、同島のヘンダーソン基地から出撃し、ブーゲンヴィル島のムンダ、ヴィラ、バンガバンガ、リンギ湾、レカタ湾、ヴィリ港、カヒリや、周辺海域で日本の艦船を攻撃した。ジェスパーソンは明晰で勘のよい優秀な通信員の上、銃手としての射撃の腕もよかった。
「5月8日に、ブラケット海峡に日本の駆逐艦がいるという情報が入り、我々第11爆撃飛行隊が出撃することになった。雲の多い日だったが、目的地上空を旋回していると雲の切れ目から敵駆逐艦が見えたので急降下した。対空砲火の曳光弾が周りをかすめ、何発か当たって機体に穴が開いたが、私の放った1000ポンド（454kg）爆弾は敵艦に命中した。反転離脱しようとすると、兵員を載せた上陸用舟艇が3隻岸に向かっているのが見えたので、そのまま低空で舟艇に向かい、機首の12.7mm機銃（2艇）の弾がなくなるまで、何度も反復して機銃掃射を繰り返した。弾を撃ち尽くしてからは上空を旋回して、今度はジェスパーセンが7.7mmの後部機銃で銃撃を続けた。舟艇に乗っている日本兵たちはライフルやピストルで応戦していたが、1隻が沈没し、他の2隻も動かなくなってしまった。全弾撃ち尽くしてから、ヘンダーソン基地に向かって帰投したが、機体は穴だらけで、とくに左翼に開いた大穴はピューピュー嫌な音をたて続けていた。燃料も残り少なくなっていて、何とか基地にたどり着いたが着陸したとたん、燃料が尽きてエンジンは止まってしまった。間一髪だった。
「その晩、コロンバンガラの監視所から報告があり、その日の戦闘は、厚い雲に阻まれ攻撃はほとんど戦果をあげなかったが、1機だけ駆逐艦に命中弾を与え、これを撃沈し、さらに日本海軍の陸戦隊を乗せた上陸用舟艇に機銃掃射をし、その上陸を阻止した者がいた、と伝えてきた。ジェスパーセンはその報告を聞いてとても喜んでいた。何年も後になって、私が沈めた駆逐艦が『親潮』という名であったことを聞き、また、監視所から報告をしてきたのが、オーストラリア兵のレッグ・エヴァンス大尉であったことも知った。大尉はその2ヵ月後の1943年8月7日に、魚雷艇PT-109のジョン・F・ケネディ大尉を救助したのだ。
「第11爆撃飛行隊は8月1日にアメリカ本土に帰還したが、司令官がそのうちの6機と搭乗員を残留させたがり、私たちが残ることになった。それでも8月9日には帰還することになり、オランダの輸送船ジャパラ号に乗って16日

間かけてサンフランシスコに戻ることができた。その頃、ハリー（ジェスパーセン）は、1943年7月9日の戦闘で足に受けた榴弾の負傷に対して『パープル・ハート』（名誉負傷章）を授与された。

「1943年9月24日にアラメダ海軍基地で、第11爆撃飛行隊はSBD-3ドーントレスで再編成され、私の銃手は幸運にもまたハリー・ジェスパーセンとなった。11月の後半からはSB2C-1ヘルダイヴァーが部隊に配備され始め、その後空母『ホーネット』（2代目）に配属となったが、1945年の始めに部隊は艦隊勤務を終え、再びアメリカ本土に戻った。私は2回の前線勤務の後、内地勤務になったが、ハリーは海軍最年少の下士官となり、自ら希望して第11爆撃飛行隊に残り三度目の前線勤務についた。もしアメリカが原爆を使って戦争を終わらせていなかったら、彼はきっと日本本土上陸作戦にも参加していたことだろう」

ソロモン諸島航空戦総括
Upper Solomons Actions

1943年11月5日と11日に、アメリカ軍空母がラバウルの日本軍艦船を二度にわたって攻撃したが、これはドーントレスが参加した作戦ではこの年最後の大規模なものとなった。

まず11月5日に、空母「サラトガ」と「インディペンデンス」から攻撃隊が出撃したが、「サラトガ」の第21爆撃飛行隊のドーントレスがとくによく活躍し、巡洋艦6隻と駆逐艦2隻に損傷を与え、この戦果により、アメリカ軍は日本の水上戦力に邪魔されることなく、ブーゲンビル島に橋頭堡を築く結果となった。

「第一次世界大戦休戦記念日」の11日には、空母「エセックス」と「バンカーヒル」、そして「インディペンデンス」の攻撃隊が再び出撃し、5日に損傷を与えた艦船にとどめを刺そうとしたが、悪天候と日本軍の激しい抵抗に遭い、駆逐艦を1隻沈めただけに終わってしまった。なお、この日、ドーントレスを使用していたのは「エセックス」の第9爆撃飛行隊だけで、「バンカーヒル」の部隊はすでに新型機SB2Cヘルダイヴァーを装備していた。ドーントレスはこの後8カ月間でヘルダイヴァーと入れ替えられていく予定であった。

一方、10月までには、ニュージョージア島のムンダに、海軍と海兵隊の飛行隊を合わせて、約100機のドーントレスが、来たるラバウル攻撃に備えて集結していた。海兵隊は第144海兵偵察爆撃飛行隊（隊長フランク・ホーラー少佐）、第234偵察爆撃飛行隊（隊長ハロルド・ペンネ少佐）、第244偵察爆撃飛行隊（隊長ロバート・ジョンソン少佐）の3飛行隊であったが、海軍はあちこちの飛行隊から派遣されてきた小隊の集まりであった。

11月1日には、ドーントレスとアヴェンジャーの爆撃と機銃掃射の援護のもと、上陸部隊がブーゲンビル島のエンプレス・アウグスタ湾に

海兵隊の第233海兵偵察爆撃飛行隊「ブルドッグ・ダイブ・ボマーズ」がソロモン諸島コロンバンガラの日本軍飛行場爆撃に向かっている。機番77の機体は、クロード・カールソンJr.少佐機であるが、キャノピー下に出撃マークが描き込まれているのと、ラダー下に黒で77と機番が示してあるのが珍しい。カールソン少佐は1943年5月の間、部隊の隊長を務めていたが、本国に戻りヘルキャットの第543海兵夜間戦闘飛行隊（VMFN-543）の編成を指揮した。その後1944年7月に事故で死亡している。

1943年後半、ジョンソン島かハワイ島から出撃した海兵隊の第243海兵偵察爆撃飛行隊のSBD-3。この部隊「ゴールド・ブリックス」(金の煉瓦)は、1942年6月にカリフォルニア州サンタバーバラで編成されたが、実戦にはなかなか参加できなかった。部隊編成から6カ月後にハワイ島に配属されたが、1943年11月にソロモン諸島へ出撃するまで、さらに長期間待機しなければならなかった。その後、同部隊はフィリピン戦線へ移り、アメリカのウェスト・コーストに戻ったのは1945年の9月であった。

上陸した。

　この頃、海兵隊では地上戦における至近距離での援護爆撃の必要性が説かれており、テストを繰り返した結果、友軍にかなり近い地点でも援護としての爆撃が可能とされた。例えば100ポンド(45kg)対人用爆弾なら、友軍の前方100ヤード(91m)、緊急の場合は75ヤード(68m)の至近爆撃が可能ということになった。1ポンド(0.45kg)当たり1ヤード(0.91m)という考えも生まれ、500ポンド(225kg)爆弾や、1000ポンド(454kg)爆弾まで援護爆撃として至近距離で投下されるようになり、時には友軍からたったの300ヤード(274m)先の日本軍陣地に1000ポンド爆弾が投下されるケースもあった。

　ラバウルへの攻撃は1944年の1月に始まったが、ソロモン方面航空軍司令部は、攻撃に際しラバウルの制空権を奪取するため、日本軍の飛行場を爆撃し、敵機が飛び立てないようにする戦術をとった。ドーントレスとアヴェンジャーに、それぞれの機能を活かした攻撃目標が割り当てられ、急降下による精密爆撃ができるドーントレスは敵対空砲陣地を、爆弾搭載量の大きなアヴェンジャーは敵滑走路を、それぞれ爆撃目標とすることになった。この戦術は巧くゆき、アメリカ軍は作戦を優位に進めることができた。

　ラバウルへの攻撃はほぼ毎日のように行われ、ドーントレスとアヴェンジャーの攻撃隊は、200機から成るコルセアとヘルキャットの援護のもと、次々と日本海軍を屠り、さらに空軍の第5航空団のB-25とA-20も作戦に加わり、戦果を増していった。

　長く続いたラバウルの激しい航空戦は、1944年2月19日に行われたアメリカ軍145機と、対する日本軍の戦闘機約50機の空中戦を最後にほぼ終了した。次の日、日本軍は残存機をトラック島に移動させたので、この日を境にラバウルでの戦闘はめっきり少なくなっていったのである。ラバウルの航空戦で、アメリカ海軍と海兵隊の飛行隊は、延べ3万の日本軍目標に対し、1万9000回出撃し、延べ2万500トンの爆弾のうち8500トンを投下した。

　ラバウル以降に行われた大規模な戦闘のうち、1944年最後の戦闘とな

ったのは、複数の空母によるクエゼリン環礁の日本軍への攻撃で、12月4日に行われた。空母「レキシントン」の飛行隊がとくに激しい戦闘を行い、ロイ島周辺で日本軍機と激しい空中戦を交えた。この空中戦で第16戦闘飛行隊のヘルキャットは20機の撃墜と2機の未確認撃墜の戦果をあげたが、ドーントレス隊も敵機を何機も撃墜するという手柄を上げている。隊長のラルフ・ウェイマス大尉と、クック・クレランド大尉がそれぞれ零戦を1機ずつ撃墜し、A・バーロウ中尉はロイ島から5マイル（8km）の海上で一式陸攻を撃墜、さらにもう1機をワイルドキャットと協同で撃墜している。このほか銃手たちも合計4機の撃墜を報告し、さらに2機の未確認撃墜も飛行隊の記録に加えられている。この日の戦果は、ドーントレスが空中戦で撃墜した敵機の数の最多記録となった。

右頁上●1943年11月から1944年中頃にかけて、ムンダ、ブーゲンビル島、グリーン島などの陸上基地をベースとしていた第98爆撃飛行隊のドーントレス。第98爆撃飛行隊のようにソロモン諸島のドーントレスの多くは、空母の航空群に所属せず、陸上基地をベースとした独立飛行隊であった。こうした飛行隊のパイロットは、混成飛行隊の隊員から選ばれており、第98爆撃飛行隊の場合、アメリカ西海岸の補充航空群（Replacement Air Group：RAG）に属する第24混成飛行隊（VC-24）から選ばれたパイロットたちで構成されていた。

■SBDドーントレス飛行隊編成状況　1943年12月　（アメリカ本土除く）

海軍

第1爆撃飛行隊（VB-1）	SBD-5	36機	ハワイ島ヒロ
第5爆撃飛行隊（VB-5）	SBD-5	36機	空母「ヨークタウン」（CV-10）
第6爆撃飛行隊（VB-6）	SBD-5	36機	空母「エンタープライズ」（CV-6）
第9爆撃飛行隊（VB-9）	SBD-5	36機	空母「エセックス」（CV-9）
第10爆撃飛行隊（VB-10）	SBD-5	32機	ハワイ島プウネネ
第16爆撃飛行隊（VB-16）	SBD-5	34機	空母「レキシントン」（CV-16）
第24混成飛行隊（VC-24）	SBD-5	34機	ニュージョージア島ムンダ
第35混成飛行隊（VC-35）	SBD-5	9機	空母「チェナンゴ」（CVE-28）
第37混成飛行隊（VC-37）	SBD-5	9機	空母「サンガモン」（CVE-26）
第38混成飛行隊（VC-38）	SBD-5	9機	ニュージョージア島ムンダ
第40混成飛行隊（VC-40）	SBD-5	9機	ニュージョージア島ムンダ
第60混成飛行隊（VC-60）	SBD-5	9機	空母「スワニー」（CVE-27）

海兵隊

第3偵察飛行隊（VMS-3）	SBD-5	6機	ヴァージン島セント・トーマス
第133偵察爆撃飛行隊（VMSB-133）	SBD-4	20機	ジョンストン島
第151偵察爆撃飛行隊（VMSB-151）	SBD-4	17機	ウォーリス島
第231偵察爆撃飛行隊（VMSB-231）	SBD-4/5	29機	ミッドウェイ島
第235偵察爆撃飛行隊（VMSB-235）	SBD-4/5	21機	ニューヘブリデス島エファテ
第236偵察爆撃飛行隊（VMSB-236）	SBD-4/5	29機	ニューヘブリデス島エファテ
第241偵察爆撃飛行隊（VMSB-241）	SBD-4/5	23機	サモア島ツルイラ
第243偵察爆撃飛行隊（VMSB-243）	SBD-4/5	22機	ニュージョージア島ムンダ
第244偵察爆撃飛行隊（VMSB-244）	SBD-4/5	27機	ニュージョージア島ムンダ
第245偵察爆撃飛行隊（VMSB-245）	SBD-4	21機	ハワイ島イーワ
第331偵察爆撃飛行隊（VMSB-331）	SBD-4	18機	ウォーリス島
第341偵察爆撃飛行隊（VMSB-341）	SBD-4	16機	サモア島ウポル
		合計 538機	

訳注
※2：このとき行われた海上戦が第一次ソロモン海戦である。
※3：空母「龍驤」はこの日のうちに沈没した。

chapter 5
中部太平洋とフィリピン
central pacific and philippines

　1943年から1944年にかけて、海軍と海兵隊のドーントレス隊は、太平洋では3方面で戦っていた。ソロモン諸島の部隊は、ニューブリテン島のラバウルを目指し日本海軍とその飛行場を攻め続け、中部太平洋の島々では海兵隊が日本の守備隊を爆撃し、撃退あるいは孤立させ、次々と無力化していった。また、新型の高速空母の就航により、ドーントレス隊はソロモン諸島からマリアナ諸島へ戦線を移動させてもいたのだった。

　1944年の夏には、実戦部隊のドーントレスの数は最多になるが、艦載機としてではなく、そのほとんどが陸上基地の部隊となり、6月の時点で航空母艦に所属していたドーントレス隊は、第58任務部隊の空母、「エンタープライズ」の第10爆撃飛行隊と、「レキシントン」の第16爆撃飛行隊の2隊だけとなっていた。その他のドーントレス隊はすべて陸上基地で、アメリカ本土を除くと、海軍に18の飛行隊と海兵隊に11の飛行隊があり、そのうちの6隊はハワイを基地としていた。なお、ハワイのバーバーズ・ポイント基地では、第100爆撃飛行隊のドーントレスが、次々と新しいカーチスSB2Cヘルダイ

ヴァーと入れ替えられていた。
　前線の580機のドーントレスの多くは、ハワイ周辺と太平洋の中部及び南西方面に展開し、その半数近くが海軍の15の偵察飛行隊に所属していた。これらの部隊は、戦線が日本に向かって西へと進んでいくに従い、偵察哨戒任務の必要性も少なくなり、1944年の暮れには6つの飛行隊が残るのみとなっていた。

■SBDドーントレス飛行隊編成状況　1944年6月（アメリカ本土除く）

海軍

部隊	機種	機数	配置
第10爆撃飛行隊（VB-10）	SBD-5	21機	空母「エンタープライズ」（CV6）
第16爆撃飛行隊（VB-16）	SBD-5	34機	空母「レキシントン」（CV16）
第100爆撃飛行隊（VB-100）	SBD-5	9機	ハワイ島バーバーズポイント
第305爆撃飛行隊（VB-305）	SBD-5	24機	セギ飛行場
第306爆撃飛行隊（VB-306）	SBD-5	22機	ブーゲンビル島トロキナ
第46偵察飛行隊（VB-46）	SBD-5	12機	真珠湾
第47偵察飛行隊（VB-47）	SBD-5	18機	ジョンストン島、パリムラ島
第52偵察飛行隊（VB-52）	SBD-5	12機	マーシャル諸島ロイ島
第53偵察飛行隊（VB-53）	SBD-5	18機	真珠湾
第51偵察飛行隊（VB-51）	SBD-5	14機	サモア島ツツイラ
第54偵察飛行隊（VB-54）	SBD-3/4	16機	ガダルカナル島
第55偵察飛行隊（VB-55）	SBD-5	10機	エスピリ・サント
第57偵察飛行隊（VB-57）	SBD-5	23機	ニューカレドニア島ノウメア
第58偵察飛行隊（VB-58）	SBD-5	10機	ニューヘブリデス島エファテ
第64偵察飛行隊（VB-64）	SBD-5	10機	エスピリ・サント
第65偵察飛行隊（VB-65）	SBD-5	15機	フナフティ
第66偵察飛行隊（VB-66）	SBD-5	14機	タラワ環礁
第67偵察飛行隊（VB-67）	SBD-3/4	10機	ナンディ
第68偵察飛行隊（VB-68）	SBD-5	10機	トレジャリー島
第69偵察飛行隊（VB-69）	SBD-5	18機	真珠湾

海兵隊

部隊	機種	機数	配置
第133海兵偵察爆撃飛行隊（VMSB-133）	SBD-5	20機	ハワイ島イーワ
第142海兵偵察爆撃飛行隊（VMSB-142）	SBD-5	34機	ハワイ島イーワ
第151海兵偵察爆撃飛行隊（VMSB-151）	SBD-5	26機	エニウェトク環礁
第231海兵偵察爆撃飛行隊（VMSB-231）	SBD-5	22機	マジューロ環礁
第235海兵偵察爆撃飛行隊（VMSB-235）	SBD-3/4	19機	ニューヘブリデス島エファテ
第236海兵偵察爆撃飛行隊（VMSB-236）	SBD-5	22機	ブーゲンビル島トロキナ
第241海兵偵察爆撃飛行隊（VMSB-241）	SBD-5	21機	エミラウ
第244海兵偵察爆撃飛行隊（VMSB-244）	SBD-5	18機	エミラウ
第245海兵偵察爆撃飛行隊（VMSB-245）	SBD-5	20機	マキン島
第331海兵偵察爆撃飛行隊（VMSB-331）	SBD-5	22機	マジューロ環礁
第332海兵偵察爆撃飛行隊（VMSB-332）	SBD-4/5	26機	ミッドウェイ島

合計　580機

■マリアナ沖海戦
The Marianas

　アメリカ軍は、日本本土爆撃の発進基地とするため、グアム島とサイパン島を攻略する「フォレイジャー」作戦を発動し、1944年6月11日に、マーク・ミッチャー中将の指揮のもと、14隻の高速空母からなる第58任務部隊をも

部隊不明のSBD-5が1943年後半か1944年前半に、戦闘から帰投する途上にある。爆弾を下げていないので、すでに投下し、帰投中であるが、後部銃座の機銃が出されたままなので、まだ日本軍戦闘機の追撃の可能性があるらしい。

って両島への空爆を始めた。この作戦は2島の占領だけを目的としたものではなく、日本海軍の残存戦力をおびき出し殲滅する目的ももっていた。

日本にとって、この2つの島を失うことは、アメリカの新型長距離爆撃機B-29により日本本土が直接爆撃されることを意味しており、いかなる犠牲を払っても守り通さねばならなかった。アメリカの思惑通り、日本軍は空母9隻を持つ大艦隊、小沢治三郎中将が指揮する第1機動部隊を送り込んできた。

このとき、ドーントレスは艦載爆撃機としては、すでにほとんどがSB2Cヘルダイヴァーに交代されており、ミッチャー中将艦隊の2隻の空母に2飛行隊が残されているのみであった。艦隊旗艦の空母「レキシントン」にラルフ・ウェイマス少佐指揮の第16爆撃飛行隊、空母「エンタープライズ」にJ・ラメイジ少佐指揮の第10爆撃飛行隊が、ドーントレスにとって最後となる艦隊勤務についていた。

マリアナ沖海戦は、アメリカ軍の間ではフィリピン海海戦とも呼ばれており、史上最大の空母同士の海戦であるが、結果はアメリカ側の圧勝で終わっている。

6月19日には「マリアナの七面鳥撃ち」(Marianas Turkey Shoot)と呼ばれ、ヘルキャットが大活躍し制空権を決する空中戦が行われ、日本軍は多くの艦載機を失った上に、空母「翔鶴」と「大鳳」を潜水艦からの魚雷攻撃により失った。小沢中将はアメリカ軍機の航続距離外に艦隊を留め、戦力の温存を図っていたが、翌20日にはミッチャー中将の「Launch'em」（全機発進）の一言で大編隊が日本艦隊の追撃に向かったのである。

訳者付記:日本軍はさらに空母「飛鷹」を失い、結果としてこの海戦で、艦隊全艦載機482機中426機と貴重な熟練パイロットの多くを失うという大敗北を喫するのであった。因みにアメリカ軍は艦載機956機中損失は130機にとどまっている。

「ヨークタウン」(CV10)の発艦指示要員がドーントレスに発進の合図を送っている。発艦指示要員「Fly One」の左に立つ水兵は、作戦データの最新情報が書かれた黒板を持っており、出撃する各機に示していた。データは通常、敵の位置や、帰艦する際の母艦の位置などであった。

ラメイジ少佐の活躍
Ramage at Philippine Sea

　フィリピン海海戦（マリアナ沖海戦）で、空母「エンタープライズ」のドーントレス第10爆撃飛行隊を指揮していたのはジェイムズ・ラメイジ少佐である。搭乗機の通信士兼銃手は、「エンタープライズ」では古参のデイヴィッド・カウリー一等通信士で、1942年10月のサンタクルーズの戦闘では、第10偵察飛行隊に所属していた。ラメイジ少佐は6月20日の追撃戦では、「エンタープライズ」の他の17機とともに、第10爆撃飛行隊の12機のドーントレスを指揮し、夕暮れの中、日本艦隊を攻撃している。以下は少佐の報告である。

　「出撃してから1時間45分後、およそ260マイル（416km）ほど進んだ地点で、海上に4隻の油送船と護衛艦数隻が見え、先発部隊が攻撃態勢に入ろうとしていた。私は無線封鎖を破って『スナイパー41からスナイパー85へ、攻撃はまだするな、敵の空母がこの先にいるはずだ』と伝えてやった。無線使用の規律が守られず、通信が入り乱れてしまったが、とにかく我々は空母を見つけ出し、そちらに向かった。

　「銃手のカウリーが、左前方上空に零戦が数機飛んでいると伝えてきて、今にもこちらに向かってきそうだったが、W・『キラー』・ケイン中佐のヘルキャット隊が立ち向かうと、すぐに散開してしまった。零戦は我々が急降下体勢に入り、一番狙いやすいタイミングが来るまで待つつもりらしかった。そこで我々はいつもの梯形（細長い台形）で急降下に入らず、高速で飛行したまま僚機が横にずれ、急降下を始めるまで、なるたけ長い時間V字型編隊でいられるようにした。この隊形にすると、各機の後部銃手同士が協力し合い、横方向や後部からの敵機の攻撃に応戦しやすくなるのだ。

　「対空砲弾の破裂する黒煙がポンポンと広がるので、日本軍の空母がいる

位置はすぐに分かった。真下と左側に2隻の空母がおり、打ち合わせどおりに私の隊が真下の空母を狙い、ロー・バング大尉の隊が左側の空母を爆撃することになった。爆弾の種類は、我々のドーントレスは1000ポンド（454kg）爆弾で、アヴェンジャーは500ポンド（225kg）爆弾を4発ずつ装備し、それぞれ半分が通常弾で、半分が徹甲弾だった。イーソンの雷撃隊も手はずどおり、二手に分かれて2隻を雷撃することになった。

「急降下に入るためにロールすると、敵空母の全景がよく見えた。急降下に入り、高度10000フィート（3000m）でダイブ・ブレーキを開くと、すぐに後ろでカウリーが7.7mmの後部機銃を撃つ音が聞こえてきた。振り向くと右側5フィート（1.5m）横を零戦がかすめるように追い越していった。ダイブ・ブレーキで我々の速度が急に落ちたので、敵は攻撃し損ねて行き過ぎてしまったのだ。

「降下角度は標準の70度で、だいたい高度8000フィート（2400m）で機首の12.7mm機銃を撃つと、曳痕弾が敵空母の前部エレベーターに吸い込まれていくのが見えた。風向きと敵艦の動きを考慮して、照準を風上に向かって進む敵艦の艦首に向け、1800フィート（540m）で投弾した。

「離脱しだいたい300フィート（90m）で水平飛行に移ると、周りの敵艦、戦艦、巡洋艦、駆逐艦からいっせいに対空砲火を浴びせられた。敵空母は艦首から艦尾にかけて火災を発生したらしく、カウリーが後ろで『見て下さい！』と叫んでいたが、敵弾や飛んでくる破片をかわすために、とても振り返って見る余裕などなかった。カウリーもすぐに敵の対空砲火をかわすために上昇、下降の指示を始め、我々は何とか東に向かって避退することができた。

「対空砲火の射程から出ると、高度1000フィート（300m）で緩い左旋回を始め、友軍機が戻ってくるのを待った。時刻は1930時くらいで、暗くなり始めていたが、すぐに私の隊の6機が集まり、さらに3機が戻ってきた。零戦が数機こちらに向かってきたが、ケイン中佐のヘルキャット隊が4〜5機を撃ち落とし撃退してくれた。三度目の旋回を終えるまで、友軍機の集合を待ったが、辺りは暗くなるし、燃料のことも考え、手信号で全機に第58任務部隊へ向けて帰投することを指示した。途中、はぐれていた友軍機を見つけてはつかまえ、方向を指示してやっていたが、どの機も方向が分かるとスロットルを開け、我々を置いて行ってしまった。ドーントレスの最高巡航速度150ノット（277km/h）に付き合ってくれたのは1機もいなかった。

硝煙漂うウェーキ島上空を飛行する第5爆撃飛行隊のドーントレス。この写真は1943年10月5日か6日に撮られたものであるが、太平洋戦争中、広報写真として多用された物の1枚である。島の両端から煙が上がっているので、「ヨークタウン」の攻撃作戦はすでにかなり進行しているようであるが、このドーントレスはさらに別のターゲットを爆撃するよう指示されているらしく、未だ1000パウンダー（454kg爆弾）を下げたままである。この爆撃はアメリカ軍にとって、かつての自軍の基地を攻撃する2番目のケースであった。

非常に珍しい機番の書き方をした、第58任務部隊空母「エセックス」（CV9）の第9爆撃飛行隊のドーントレス。通常、機番は胴体とカウリングに書き込まれるが、この機体は、垂直尾翼に大きく書かれている。この写真は1943年後半のもので、国籍マークは赤く縁どりされている。第9爆撃飛行隊は1943年11月のラバウル戦から、1944年2月のトラック島攻撃まで戦闘に参加していた。

「カウリーは巧く我々をナビゲートし、2120時にはYE/ZB帰還信号装置は『ビッグE』(空母エンタープライズ)まで30マイル(48km)であることを示し、ほどなく第58任務部隊艦艇の灯火が見えてきた。ところが艦隊中の艦艇に灯火が燈っており、どれが母艦なのか分からず、みなが無線で騒ぎ始めパニック状態になった。巡洋艦が証明弾を打ち上げ始めたが、駆逐艦まで灯火がついており、200機からなる編隊にとって、すべて灯りの中から自分の母艦の灯火を探し出すのは容易なことではなかった。

「混乱はひどくなるばかりで、ついに艦隊から、どの空母でも見つけ次第、着艦してよいという無線連絡が入ってきた。が、私は自分の隊の各機を混乱の中に放り出すわけにはいかないと思い、編隊を維持させ、2140時ようやく『エンタープライズ』を探し出した。艦の右舷を一度パスし、編隊に着艦体制をとらせたが、カウリーが『隊長、甲板で1機クラッシュしているようです。』といってきた。見ると確かに1機クラッシュしているが、編隊が艦尾に回り着艦を始めるまでには、甲板員がその機体を片付けてくれるだろうと期待していた。ところが着陸誘導員のホッド・プロルクスが、着艦不能の合図を送ってきた。左舷を飛んで甲板を見下ろすと、照明が灯され1機がひっくり返る大事故になっており、母艦である『エンタープライズ』への着艦は諦めねばならなかった。

「私は『スナイパー隊に告ぐ、こちらスナイパー41、我々の母艦甲板は事故で着艦できない、どの空母でもよいからパンケーキ(着艦のこと)せよ。』と部隊に指示した。

「この時までに無線での混乱はだいぶ静まっていたが、艦隊の灯火は点いたままで空母を見つけ出すのは相変わらず難しかった。それでも、ようやく軽空母とおぼしき艦を発見し、着艦しようと接近した。するとまっすぐその先2マイル(3.2km)ほどに大型の空母がいるのが分かり、そちらへそのまま向かった。ちょっと高度が高かったので一度甲板上空をパスすると、カウリーが着艦するのは我々1機だけだと伝えてきたので、あわてずにスムーズに着艦できた。フックを外し駐機場所に行こうとタキシングしていると、誘導員たちが私の機が固定翼のドーントレスだと気が付かず、口々に『翼を畳め!』と叫んでひと騒ぎになった。それでもようやく、制動バリアの先の空いた場所に駐機できたが、今度は甲板要員が翼に飛び乗り『避難しろ、早く逃げろ!』と叫んできた。見ると着艦する1機がバリアに突っ込んできそうになっていた。カウリーと2人、あわてて艦橋に駆け込んだが、そこで艦名を聞いて、初めて自分たちの降りた空母が『ヨークタウン』だと知ったのだ。その後で、部隊の仲間のドン・『ハウンド・ドッグ』・ルイス中尉と、その銃手ジョン・マンキンも着艦していることを知り、出撃以来6時間ぶりの再会となった」

「レキシントン」(CV16)の飛行隊員たちの間で、その勇猛ぶりで名をあげた第16爆撃飛行隊のクック・クレランド大尉とW・J・ヒスラー通信士。彼らは1943年12月から翌年6月にかけて、敵機3機を撃墜し、6月20日には有名な「Mission beyond Darkness」作戦で日本軍空母を爆撃し、燃料切れ寸前で母艦に帰還している。戦後クレランドはコルセアに縁が深く、1947年と49年には「グッドイヤーF2G改」でエアレース、トンプソン・トロフィーに優勝し、1951年から52年には朝鮮戦争で空母「ヴァレイ・フォージ」のコルセア隊を指揮している。

第16爆撃飛行隊の小沢機動部隊攻撃戦闘報告
1949年6月20日
Bombing Sixteen over The Mobile Fleet

以下は第16爆撃飛行隊の戦闘報告の抜粋である。
「1800時頃、東に向かって部隊の14機が急降下のために編隊を散開し、高度11500フィート(3450m)から、降下角65〜70度で急降下を始めた。投弾は2000〜1400フィート(600〜420m)、反転は1300〜800フィート(390

1944年2月22日、第5爆撃飛行隊のドーントレスが、主脚の故障で「ヨークタウン」の甲板に「belly flops」(胴体着陸)している。この事故の5日前、部隊はカロリン諸島のトラック島を2日に渡って攻撃している。この戦闘でアメリカ軍は37機の日本機を撃墜し、20万トンに達する艦船を撃沈しており、航空母艦艦載機による大戦果をあげた作戦のひとつであった。

第10爆撃飛行隊のSBD-5が、1944年3月20日のエミリュー島上陸作戦支援に向かう「エンタープライズ」の上空を飛んでいる。軽空母2隻を伴った戦艦群がニューアイランドのカビエンを砲撃し、「エンタープライズ」は90マイル(144km)北西のエミリュー島を攻撃した。ほどなく海兵隊が同島を占領し、ニューブリテン島ラバウルの日本軍航空隊攻撃の重要な前哨基地となった。

〜240m)で行ったが、急降下中の対空砲火はすさまじく、艦隊のありとあらゆる艦から撃ってきた。敵戦闘機も数機おり、1機が銃撃を受けた。

「先頭の3機は、1機が1000ポンド(454kg)通常弾、2機が1000ポンド徹甲弾を積んでおり、南側の空母『早鷹』(誤認、『飛鷹』のはずである)に向かって降下していった。敵空母は激しく退避運動をしており、左へ330度から290度の旋回をしていたが、1発命中し、黒煙を激しく噴出し始めた。4番機、5番機も、この3機に続いたが命中はしなかった。6番機は北側の空母に爆撃をしたが、甲板ひとつ分はなれた至近弾に終わってしまった。7番、8番、9番機は、ますます激しく煙を噴き上げる南側の敵空母に向かって急降下し、さらに1発の命中弾を与えた」

空母「レキシントン」の第16爆撃飛行隊は、この後低空で集合中に、8機かそれ以上の零戦に襲われ、J・シールド中尉のドーントレスが撃墜され、中尉は銃手のC・レメイ通信士とともに戦死。帰投中に1機が不時着水し、さらに1機が夜間着艦に失敗、機体は破損し海上投棄された。ただしこの2機の搭乗員は全員救出されている。帰還した第16爆撃飛行隊の残存燃料の平均は24ガロン(90リッター)、第10爆撃飛行隊のそれは約1時間分の54ガロン(204リッター)であった。

生産終了
Phase Out

ドーントレスの生産は、1944年7月に、最終型のSBD-6がエル・セグンドの工場で組み立てられ終了となり、翌月、最後のドーントレスとして18機が海軍に納入された。海軍への納入価格は、1934年のプロトタイプXBT-1は開発費など込みで8万5000ドルであったが、ダッシュ・シックス(最終型SBD-6のこと)は1機2万9000ドルであった。

当時のタイム誌はドーントレスを称えて次のようなコメントを記している。「ドーントレスは、搭載量も少なく、速くもなかったが、信頼性の高い攻撃機だった。敵弾を受けても、ナツメグの実のようなずんぐりした機体は搭乗員をよく守り、帰還させてくれた」

艦隊勤務についていたドーントレスの最後の飛行隊、第10爆撃飛行隊と第16爆撃飛行隊が、空母から

移動した時点で、ドーントレスの連合軍内での活躍は事実上終焉を迎えることになった。航空母艦所属の第一線の攻撃機として過ごした32カ月間に、ドーントレスに乗って出撃し命を落とした搭乗員は、合計10隻の空母から、パイロットが62名、銃手は63名となっている。このうちの半数は空母「エンタープライズ」の飛行隊の隊員たちであり、詳細は下記のとおりである。

航空母艦名	部隊番号	パイロット	銃手
「レキシントン」(CV2)	VB-2,VS-2	5名	5名
「サラトガ」(CV3)	VB-3	1名	1名
「レンジャー」(CV4)	VS-41,VB-4	2名	1名
「ヨークタウン」(CV5)	VB-5,VS-5,VB-3	11名	11名
「エンタープライズ」(CV6)	VB-6,VS-6,VB-10,VS-10	27名	29名
「ワスプ」(CV7)	VS-71	0名	1名
「ホーネット」(CV8)	VB-8,VS-8	2名	2名
「エセックス」(CV9)	VB-9	2名	2名
「ヨークタウン」(CV10)	VB-5	6名	5名
「レキシントン」(CV16)	VB-16	6名	6名

■ ドーントレスの空中戦戦果
The Dauntless 'Air-to-Air'

　ドーントレスは、敵機との最初の空中戦となった真珠湾で5機が撃墜されているが、この空戦では零戦も1機、第6偵察飛行隊のドーントレスと衝突して墜落している。撃墜されたドーントレスのうち43機が、敵機の攻撃によるもので、このうちの39機は航空母艦所属機で、1941年から1942年の間に撃墜されている。また逆にドーントレスが日本軍機を撃墜したという記録も、海軍と海兵隊の両方の飛行隊から報告されている。

11機のSBD-5がパラオ島攻撃から編隊を組んで帰投している。1944年3月30日に撮影された写真である。続く2日間、11隻の高速空母からなる第58任務部隊は西カロリン諸島の日本軍基地を攻撃し、海兵隊がニューギニア島ホランディアに上陸した。この作戦では、アヴェンジャーの3飛行隊がパラオ港に機雷を敷設し、ドーントレスを含む他の飛行隊が敵機を28機撃墜し、艦船10万8000トンを撃沈している。

第10爆撃飛行隊のSBD-5「Thirty Six Sniper」が「エンタープライズ」上空を飛んでいる。マリアナ諸島サイパン島攻略に向かう1944年6月5日の写真。同島への機銃掃射と爆撃は11日から始まり、19日と20日には「マリアナの七面鳥撃ち」と呼ばれた空中戦が行われた。この戦闘は、ドーントレスが参加した5番目にして最後の空母同士の海戦となったが、零戦と九九艦爆はその後もすべての海戦に参加し続けた。

ドーントレスのあげた撃墜記録は、フランク・オリニク博士が各飛行隊の戦闘記録を綿密に調査し、138件のうち135件を確実な撃墜として確認している。

　海軍の22のドーントレス飛行隊が94機の敵機を撃墜しており、その多くは1942年に集中している。戦果はパイロットによるものと、後部銃手によるものと、ほぼ半分に分かれ、また5機の撃墜が編隊の協同によるものとされている。

　矛盾に満ちているのが海兵隊のドーントレスの撃墜記録である。海兵隊が正式に認めているのは22機で、そのほとんどがガダルカナル島でのものだが、同様の撃墜数が1943年から1944年にかけてのソロモン諸島周辺の戦闘でも報告されているのである。

第16爆撃飛行隊のドーントレスが、1000ポンド（454kg）爆弾を胴体下に、250ポンド（114kg）爆弾2発を翼下に装着しサイパン島上空を飛行している、1944年6月15日の写真。第16爆撃飛行隊のマーキングは他の飛行隊よりもきちんと様式化されており、飛行隊エンブレムはエンジンのアクセスパネルに描かれ、出撃回数を示すミッション・マークは前方キャノピー下側に、搭乗員名はコクピットわきに書かれていた。この18番機は、ミッション・マークが5回分しかないが、新しい補充機と思われる。この機体は新しい小径の国籍マークが胴体後方に描かれているが、同部隊のもともとの所属機は皆、リア・コクピットすぐ下に、1943年仕様のストライプなしの大径国籍マークが描かれていた。

■海軍ドーントレス飛行隊の空中戦撃墜数上位記録

飛行隊	空母	撃墜数
第2偵察飛行隊（VS-2）	「レキシントン」（CV2）	13.5機
第10偵察飛行隊（VS-10）	「エンタープライズ」（CV6）	11機
第16爆撃飛行隊（VB-16）	「レキシントン」（CV16）	10.5機
第2爆撃飛行隊（VB-2）	「レキシントン」（CV2）	8機
第5偵察飛行隊（VS-5）	「ヨークタウン」（CV5）	6機
第6偵察飛行隊（VS-6）	「エンタープライズ」（CV6）	6機
第71偵察飛行隊（VS-71）	「ワスプ」（CV7）	5機

■海軍ドーントレス・パイロットの撃墜数上位記録

パイロット	飛行隊	撃墜数
ジョン・レプラ中尉	第2偵察飛行隊（VS-2）	4機
ウィリアム・ホール中尉	第2偵察飛行隊（VS-2）	3機
スキャンレイ・ベジタサ中尉	第5偵察爆撃隊（VS-5）	3機（+8機：注）
クック・クレランド大尉	第16爆撃飛行隊（VB-16）	2機
ウィリアム・ジョンソン中尉	第10爆撃飛行隊（VB-10）	2機
R・ニーリー少尉	第2偵察飛行隊（VS-2）	2機
チェスター・ザレウスキ中尉	第71偵察爆撃（VS-71）	2機

注：ベジタサ中尉は後にワイルドキャットでさらに8機撃墜している。

■海軍ドーントレス後部銃手の撃墜数上位記録

銃手	飛行隊	撃墜数
ジョン・リスカ二等通信士	第2及び10偵察飛行隊（VS-2,VS-10）	4機
W・コーレイ二等通信士	第10偵察飛行隊（VS-10）	2機

　海軍のドーントレス隊で撃墜数のトップは、珊瑚海海戦で日本軍機を7機撃墜したジョン・レプラ中尉とその銃手ジョン・リスカ通信士である（うち4機は操縦士のレプラ中尉による）。レプラ中尉はこのときの活躍から、戦闘機操縦員としての素質が認められ、この後ほどなく空母「エンタープライズ」の第10戦闘飛行隊に転属し、ヘルキャットの操縦員となるが、戦闘機での初出撃となった10月26日の南太平

洋海戦の戦闘で撃墜され戦死する。銃手のリスカ通信士は第10偵察飛行隊に転属となり、同じ戦闘で4機目の撃墜をスコアしている。この戦闘では「エンタープライズ」のドーントレス隊は、零戦7機と九七艦攻1機を撃墜し、「ホーネット」のドーントレス隊も5機を撃墜している。

撃墜数で2位となるウィリアム・ホール中尉は1942年5月8日の戦闘で、空母「レキシントン」を護衛中に3機を撃墜し、同じくニーリー少尉が2機を撃墜している。ホール中尉は、この戦闘で零戦に撃たれ負傷したにもかかわらず戦闘を続け、後に名誉勲章を受章した。

また、空母「ヨークタウン」の古参パイロットだったスキャンレイ・ベジタサ中尉も、同じ5月8日に、低空での対雷撃機パトロール飛行中に3機を撃墜している。大戦中、海軍ではこの他に、3名のドーントレス・パイロットが2機撃墜をそれぞれ達成している。

空母「ワスプ」のドーントレス隊も空中戦でよく活躍し、同空母のワイルドキャット戦闘機隊が、最初の撃墜をスコアする以前に、日本機を7機も撃墜している。ガダルカナル戦初頭の1942年8月8日に、第71偵察飛行隊のR・ハワード中尉が、ラバウルからやって来た零戦をツラギで撃墜し、次いで25日チェスター・ザレウスキ中尉とL・ファースト三等通信士のドーントレスが、2機の愛知零式水上偵察機を撃墜。同じ日、同隊は協同で二式大艇も撃墜している。第72偵察飛行隊も8月の間に、零式水上偵察機と二式大艇を1機ずつ撃墜しており、これらの記録はいずれも日本軍の記録とも一致している。

ドーントレス隊のあまりの活躍ぶりに、ワイルドキャット戦闘機隊は「爆撃機は自分たちの仕事（爆撃）だけやってればいいんだ」とこぼしていたそうである。

ただし1942年が過ぎると、ドーントレスが空中戦に臨むような戦闘はめっきり減り、1943年はドーントレスによる撃墜は13機、また日本機によって撃墜された機数も2機に止まっている。さらに1944年前半（ドーントレスが空母所属から外される直前）には、撃墜は5機、被撃墜は2機とさらに少なくなっていった。

1944年6月20日に日本軍艦隊を攻撃した際、ドーントレスが参加した空戦では最大規模の戦闘が行われ、第10爆撃飛行隊が10機を超える零戦に襲われたが、別の第16爆撃飛行隊は2機を撃墜、13機に損傷を与えた。ちなみにこの記録は、1機を省き全てが後部銃手のあげた戦果である。

海兵隊は、13のドーントレス飛行隊が合計で41機の敵機を撃墜したと報告しており、そのうちの21.5機がガダルカナル島での戦果となっている。35機が後部銃手の戦果で、7機が操縦士、3機が複数機との協同戦果とされている。

第10爆撃飛行隊隊長のジェイムズ・ラメイジ少佐。第58任務部隊の中では、「Jig Dog」と呼ばれ、勇敢で人気のある隊長であった。ラメイジ少佐との飛行隊と、ラルフ・ウェイマス少佐の第16爆撃飛行隊は、空母所属飛行隊の中の最後のドーントレス隊で、1944年6月にはSB2C-1ヘルダイヴァーと入れ替えが行われた。ところが6月20日の戦闘でヘルダイヴァー多数が失われ、ラメイジとウェイマスはマーク・ミッチャー中将に、ドーントレスを再装備するよう進言した。が、ドーントレスの生産は7月に終了し、スペア・パーツの供給も望めない状況であった。
（R L Lawson）

1944年8月22日、海兵隊の第331海兵偵察爆撃飛行隊隊長ジェイムズ・オーティス少佐機B-1が、部隊を率いてミレ環礁攻撃に出撃していく。オーティス少佐の「Doodlebug Squadron」は、マーシャル諸島のマジュロ島を基地として、1944年2月から、「飛び石作戦」で遺された日本軍基地の攻撃を行っていた。同部隊は10月から12月まで第331海兵戦闘爆撃飛行隊（VMBF-331）として改編されたが、後に偵察爆撃飛行隊に再改編されている。

第331海兵偵察爆撃飛行隊アーネスト・グイスチ大尉のドーントレスが、マジューロ島上空を飛んでいる1944年中頃の写真。尾翼の機番26は青で塗りつぶされ、新しい番号12が白く胴体に書き込まれている。マーシャル諸島の第4海兵航空団では、部隊間で機体の移動が多く、マーキングはノン・スタンダードのものが多かった。

■海兵隊ドーントレス飛行隊の空中戦撃墜数上位記録

第132偵察爆撃飛行隊（VMSB-132）	ソロモン諸島	6機
第231偵察爆撃飛行隊（VMSB-231）	ソロモン諸島	6機
第236偵察爆撃飛行隊（VMSB-236）	ソロモン諸島	5機
第241偵察爆撃飛行隊（VMSB-241）	ミッドウェイ、ソロモン	5機（+2機:注）
第141偵察爆撃飛行隊（VMSB-141）	ソロモン諸島	4機
第233偵察爆撃飛行隊（VMSB-233）	ソロモン諸島	4機

注：第241偵察爆撃飛行隊はヘルダイバーに機種転換してからさらに2機撃墜している。

■海兵隊ドーントレス・パイロットの複数機撃墜記録

ジョン・マクガキン少佐	VMSB-132	2機

■海兵隊ドーントレス後部銃手の撃墜数上位記録

ウォーレス・リード軍曹	VMSB-231隊	3機
ヴァージル・バード軍曹	VMSB-231隊	2機

飛行隊のバージョン
Squadron Variations

　大戦中、海兵隊で爆撃と空中戦を任務とする海兵戦闘爆撃飛行隊（VMBF）と呼ばれる部隊が短期間だけ編成されている。1944年の12月に、海兵隊のこの新しい部隊名の飛行隊が4つ編成され、戦闘機と急降下爆撃機の両方を装備し、中部太平洋の島々に展開した。第231、第331海兵戦闘爆撃飛行隊は、それぞれ24機のF4U-1Dコルセアと2機のSBD-5ドーントレスを装備し、マジューロに駐留し、同じ機体編成の第113と第422海兵戦闘爆撃飛行隊がエンゲビに駐留した。

　この海兵戦闘爆撃飛行隊という呼称は、コルセア戦闘機だけを装備した戦闘機隊にも付けられたことがあり、部隊名称は装備機種ではなく、部隊の任務を表すように変えられていった。戦後40年を経て、F-4ファントムIIを装備し、今やF/A-18ホーネットを使う海兵隊の戦闘攻撃飛行隊（VMFA）は、当時生み出されたこの用兵概念を今に受け継いでいるのである。

　また、海兵隊のこの戦闘爆撃隊の概念は大戦末期に海軍でも取り入れられ、戦闘爆撃飛行隊（VBF）と呼ばれる部隊が誕生している。大戦末期、

1944年10月25日にエミラウで撮られた第243海兵偵察爆撃飛行隊のSBD-6のスナップ写真。写真の公式説明に以下のように書かれている。「ヒューブレイン中尉とともに写っている犬のグレチェン（主翼の上）は、翼の上を端から端までウロウロするのが好きで、アルミニウムの翼が日に照らされて熱くなりすぎるまで、翼に飛び乗ったり飛び降りたりして遊んでいた。時には、コクピットにもぐり込むこともあったが、中尉はグレチェンが高度3000フィートでダイブするのではないかと心配で、飛行に連れて行くことはしなかった」

海兵隊のダイブ・ボマー・チャンピオン、1942年9月から1944年9月まで第231海兵偵察爆撃飛行隊隊長であったエルマー・グリッデン少佐(写真左)。グリッデンはミッドウェイ島の第241海兵偵察爆撃飛行隊で戦闘に参加を始め、その後「カクタス・エアフォース」の1隊として第231海兵偵察爆撃飛行隊「Ace of Spades」隊をガダルカナルで指揮した。1942年に27回出撃し、その後マーシャル諸島の戦闘で出撃を繰り返し、その合計は104回となり、海兵隊の偵察爆撃パイロットとしては最多の出撃記録となった。彼の銃手であったジェイムズ・ボイル軍曹はマーシャル諸島で77回の出撃を記録した。

■SBDドーントレス飛行隊編成状況　1944年12月　(アメリカ本土除く)

海軍

第100爆撃飛行隊(VB-100)	SBD-5	7機	ハワイ島バーバーズ・ポイント
第46偵察飛行隊(VS-46)	SBD-5	12機	真珠湾
第47偵察飛行隊(VS-47)	SBD-4	17機	パルミラ、ジョンストン
第52偵察飛行隊(VS-52)	SBD-5	13機	ロイ島
第53偵察飛行隊(VS-53)	SBD-5	18機	真珠湾
第66偵察飛行隊(VS-66)	SBD-5	15機	タラワ環礁
第69偵察飛行隊(VS-69)	SBD-6	18機	真珠湾

海兵隊

第133海兵偵察爆撃飛行隊(VMSB-133)	SBD-6	23機	トロキナ
第142海兵偵察爆撃飛行隊(VMSB-142)	SBD-6	20機	エミラウ
第151海兵偵察爆撃飛行隊(VMSB-151)	SBD-5	24機	エニウェトク環礁
第236海兵偵察爆撃飛行隊(VMSB-236)	SBD-6	23機	トロキナ
第241海兵偵察爆撃飛行隊(VMSB-241)	SBD-6	22機	ムンダ
第243海兵偵察爆撃飛行隊(VMSB-243)	SBD-6	25機	エミラウ
第244海兵偵察爆撃飛行隊(VMSB-244)	SBD-5	25機	グリーン島
第245海兵偵察爆撃飛行隊(VMSB-245)	SBD-6	24機	マジューロ環礁
第341海兵偵察爆撃飛行隊(VMSB-341)	SBD-6	21機	グリーン島
第343海兵偵察爆撃飛行隊(VMSB-343)	SBD-5	10機	ミッドウェイ島

合計 317機

ブーゲンビル島からルソン島へ空輸中と思われる第236海兵偵察爆撃飛行隊のドーントレス。爆弾の代わりに燃料タンクを下げているのでそれと分かる。この部隊は大戦後半の2年間、ソロモンとフィリピンで日本軍基地の爆撃任務に就いていた。1943年9月にブーゲンビル島で最初の急降下爆撃を行い、その後トロキナ、グリーン・アイランドと転進し、1945年1月初旬にルソン島に移り、終戦の2週間前、1945年8月1日にフィリピンで解隊している。
(John M Elliott via Peter B Mersky)

海兵隊の第231偵察爆撃飛行隊の2番機が、1944年諸島のマジュロ島投錨地を哨戒飛行している。この機体は同部隊の典型的なマーキングを施されている。3色迷彩塗装で、風防の前方に部隊マークの「Ace of Spades」が描かれ、パイロットのコクピット脇に23回出撃のミッション・マークと、胴体に機番が書き込まれている。この時期でも海兵隊の飛行隊はほぼ毎日のように日本軍基地を爆撃していたが、多くの駆逐艦が珊瑚礁内で停泊している様子から、戦線の後方となっていたこの付近では、海上戦はほとんど行われていなかったことが察せられる。

第1海兵隊航空団のルソン島基地ドーントレス隊は、マニラへ進撃する陸軍の支援部隊として活躍していた。このSBD-6は胴体下に500ポンド（225kg）爆弾と、両翼に各1個の100パウンダー（45kg爆弾）を下げて出撃するところであるが、これは近接支援爆撃の典型的な爆装である。第1航空団は、4つの航空群（MAG12、14、24と32）からなり、このうち第24と第32航空群はドーントレスの飛行隊をそれぞれ3隊もち、第12と第14はコルセアの戦闘飛行隊7個とヘルキャットの夜間戦闘飛行隊1個をもっていた。

1945年になると、航空母艦の飛行隊は日本軍の神風攻撃から母艦を守らねばならなくなり、より多くの戦闘機が必要になってきたからである。

フィリピン戦
Philippines

　1944年12月フィリピンに、F4Uコルセアの4飛行隊とF6Fヘルキャット夜間戦闘機の1飛行隊からなる海兵隊第12航空群（MAG-12）が到着し、続く1月、第14航空群も到着、戦闘機部隊が増員された。

　海兵隊の急降下爆撃隊で、フィリピンの戦闘に最初に参加した部隊は、1945年1月下旬、リンガエン湾のマンガルダンに派遣された第24航空群所属のドーントレスの4飛行隊であった。これらの海兵隊の爆撃隊は、ブーゲンビル島で陸軍の第37歩兵師団とともに、無線連絡を使った支援爆撃の訓練をつんでいた。

　1月末日までに、海兵隊のドーントレスは、ルソン島の第34航空群の3飛行隊も含めて174機に達している。彼らのうち最初の犠牲は1月28日に撃墜された、第133海兵偵察爆撃飛行隊の1機とその搭乗員であった。

　ルソン島での主要攻撃目標は、フィリピンの首都でもあるマニラであった。2月1日早朝、第1騎兵師団がマニラ市の南方から攻撃を始めたが、その上空には常に9機のドーントレスが支援にあたれるよう、飛行のローテーションが組まれていた。海兵隊は、悪名高いサント・トーマス捕虜収容所の連合軍捕虜を真っ先に解放するため、偵察機の誘導のもと、日本軍が多く配備されている地区を避け、最短最速の進撃路を突き進んでいった。

　海兵隊は、進撃中に爆撃が必要になると「スチームローラー・ダイブボミング」と呼ばれる集中爆撃を行ったが、5つの飛行隊の80機が、200～300ヤード（180～270m）の区画ごとに爆弾を1発ずつ落とすという猛烈な戦法であった。マニラ

79

攻略までの66時間にわたる海兵隊第24、第34航空群のこのすさまじい爆撃は、敵味方共に畏敬の念をもって迎えられたほど、圧倒的な効果をあげた。

この戦闘に参加した急降下爆撃機パイロットのひとり、第236海兵偵察爆撃飛行隊のフランク・マックファデン大尉は、ソロモン諸島での戦闘も含めてドーントレスに1000時間以上搭乗しているが、大尉はドーントレスを「史上最も信頼できる航空機」と評している。ルソン島での海兵隊パイロットは、月に13～16回の出撃をし、平均40時間の飛行時間を記録しているが、マックファデン大尉の1945年の飛行記録がその典型であろう。

 2月　出撃14回　飛行時間35.3時間
 3月　出撃18回　飛行時間41.2時間
 4月　出撃17回　飛行時間39.8時間
 5月　出撃16回　飛行時間42.7時間
 6月　出撃9回　　飛行時間22.4時間

出撃回数の合計は74回、飛行時間は181.4時間に達し、この間65回の攻撃を行っている。

2月になると、フィリピンの日本軍航空戦力は壊滅し、海兵隊の急降下爆撃隊は、戦場上空を自在に飛行できるようになった。撃ち落す敵機がいなくなってしまったため、撃墜数も伸びず、フィリピン戦での6カ月間に、海兵隊が撃墜した敵機は、わずか75機である。

フィリピンでの陸軍への支援作戦を、マックファデン大尉は以下のように述べている。

「我々はいつもダグパンの南から飛び立って、マニラの北と東に広がる広大な水田地帯に向かった。そこでいったん着陸すると、歩兵の作戦行動を見るために前線へ連れて行かれ、爆撃目標を指示される。飛行機に戻って離陸し、高度12000～14000フィート(3600～4200m)まで上昇し、そこから急降下して、与えられた目標を爆撃するというパターンを繰り返していた」

ドーントレスは頑丈な飛行機といわれていたが、マックファデン大尉は対空砲火が自機に命中した際、それを身をもって知ることになった。

「1945年2月14日、マニラ近郊のマッキンレイ要塞を攻撃に行った時、ニールソン基地の敵の対空砲火が水平尾翼に命中してしまった。私はルソン島リンガエン湾にあるダグパンまで引き返したが、この種の損傷があると着陸の際、車輪を出して125ノット(231km/h)以下になると失速してしまう。私は140ノット(260km/h)でアプローチし、何とか無事に着陸することができた」

陸上基地をベースとする海軍の偵察隊は1943年から1944年までドーントレスを使用していた。写真は偵察隊VS-51が、1944年6月にサモアに転属する直前にハワイで編隊飛行している一コマである。同部隊はサモアで、平時偵察と対潜哨戒任務に就いていた。尾輪が艦載機の小さなソリッド・ゴムタイヤではなく、陸上用の大きな空気式タイヤになっていることから、これらの機体が陸上基地の部隊所属であることが分かる。

左頁上●ドーントレスは丈夫な飛行機であった。第236海兵偵察爆撃飛行隊のF・H・マックファデン大尉は、フィリピンで65回出撃したが、1945年2月14日のマニラ攻撃では、日本軍の激しい対空砲火に遭い、炸裂弾の直撃を受けてしまった。大尉は、急降下から引き揚げると、機体が125ノット(231km/h)以下では失速することに気付き、基地に戻り着陸する際、通常の着陸速度90ノット(167km/h)を遥かに上回る140ノット(260km/h)で着陸した。写真はダグパン基地に無事着陸した直後、大穴の開いた水平尾翼の中に立ってみせているマックファデン大尉である。
(F H McFadden via Doug Champlin)

着陸してから大尉が損傷を調べると、水平尾翼に開いた穴は人が中に立てるほど大きなものだった。その日はちょうどバレンタイン・デイで、命中弾は日本軍からのとんでもないプレゼントでもあった。

第1騎兵師団司令のヴェルネ・ムッジ少将は、海兵隊のルソン島ドーントレス隊「ダイビング・デビル・ドッグス」の支援爆撃を以下のように記している。

「海兵隊の急降下爆撃機パイロットたちは実に優秀で、その技量に私は絶大な信頼感をもっている。マニラ進撃の際、我々を日本軍の反撃から守ってくれたのは、彼ら海兵隊のパイロットたちに他ならない。彼らの働きがあったればこそ、今我々はこうしてマニラの地に立っているのである」

第25歩兵師団司令のチャールズ・ミューラー少将も以下のように語っている。

「バリート・パス攻撃が成功したのは、海兵隊の急降下爆撃のおかげである。大砲では砲撃できない敵の陣地を爆撃で粉砕し、進撃を早めることができた」

1945年の1月から7月にかけて、第24海兵隊航空群は12名の士官と、18名の兵員を戦闘で失っているが、そのほとんどはドーントレスの搭乗員たちであった。第32海兵隊航空群では、司令部とドーントレス飛行隊から6名の士官と6名の兵員の戦死者が出ている。この他16名のドーントレス搭乗員が、戦闘以外の事故などで死亡している。

1945年7月になると、太平洋で実戦配備されているドーントレスは、144機のSBD-6だけとなり、海兵隊のわずか6つの飛行隊が使用しているに過ぎなくなってしまった。そのすべてがフィリピンに配備されていたが、それも7月末までに部隊そのものが解隊廃止された。第24航空群では7月16日に、ミンダナオ島マラバンのティトコム基地で、ウォーレン・スウィツァー大佐が長年のドーントレス隊の活躍を慰労し、第133と第241海兵偵察爆撃飛行隊が解隊された。同航空群の最後のドーントレス24機はセブ島に飛び、そこで海軍の手によって処分された。

第32航空群のドーントレス隊はその2週間後に解隊され、海兵隊装備の急降下爆撃機はヘルダイヴァーのみとなり、これをもってアメリカ海軍と海兵隊の、すべてのドーントレスは実戦配備から退役したこととなった。

ドーントレスは第二次大戦の最後になって、ついに退役となったが、太平洋戦争の全期間を戦い抜いたわけである。

■SBDドーントレス飛行隊編成状況　1945年7月（アメリカ本土除く）

海兵隊

第133海兵偵察爆撃隊(VMSB-133)	SBD-6	24機	フィリピン、コトバト
第142海兵偵察爆撃隊(VMSB-142)	SBD-6	24機	フィリピン、ザンボアンガ
第236海兵偵察爆撃隊(VMSB-236)	SBD-6	24機	フィリピン、ザンボアンガ
第241海兵偵察爆撃隊(VMSB-241)	SBD-6	24機	フィリピン、コトバト
第243海兵偵察爆撃隊(VMSB-243)	SBD-6	24機	フィリピン、ザンボアンガ
第341海兵偵察爆撃隊(VMSB-341)	SBD-6	24機	フィリピン、ザンボアンガ

合計 144機

chapter 6
陸軍用と外国向けドーントレス
banshees and foreign dauntlesses

　ガダルカナル島の戦いがクライマックスを迎える1週間前、地球の反対側では、イギリス軍とアメリカ軍が北アフリカに上陸を始めていた。11月8日、アメリカ軍は4隻の空母の支援とともに、フランス領モロッコに上陸した。空母4隻のうち「レンジャー」と2隻の護衛空母が36機のドーントレスを登載し、他の1隻はアヴェンジャーを搭載していた。

第41偵察飛行隊(VS-41)	SBD-3	18機	空母「レンジャー」(CV4)
第26偵察飛行隊(VSG-26)	SBD-3	9機	護衛空母「サンガモン」(ACV26)
第29偵察飛行隊(VSG-29)	SBD-3	9機	護衛空母「サンティー」(ACV29)
第27偵察飛行隊(VSG-27)	TBF-1アベンジャー		護衛空母「スワニー」(ACV27)

注:護衛空母サンガモンとサンティーは、ドーントレスの他にそれぞれ9機と8機のアヴェンジャーも装備していた。

　11月8日の朝、空母「レンジャー」のドーントレス隊は、カサブランカの港に停泊するヴィシー・フランス政府の戦艦「ジャン・バルト」(17世紀の海賊の名前)を攻撃するため、18機全機が出撃した。編隊は港の上空に達すると対空砲火にさらされたが、目的地到着の暗号無電「バター・アップ」を打電すると、攻撃許可暗号の「プレイ・ボール」が返電され爆撃を開始した。

　この1時間半後、フランス艦隊が出港を始めたが、1～2隻の巡洋艦を含む一隊は、連合軍輸送船団に4マイル(6.4km)まで接近し、上陸部隊への脅威となり始めた。これを撃退するため、まずワイルドキャットが出撃し、激しい機銃掃射を浴びせ、続いて「レンジャー」のドーントレスと、「スワニー」のアヴェンジャーが攻撃を加え、凪いだ海上を利して3発の命中弾を与え

1942年11月、「トーチ」作戦(フランス領北アフリカ上陸作戦)支援のため、空母「レンジャー」から第41偵察飛行隊のSBD-3が出撃した。この写真は、ヴィシー・フランス政府の潜水艦とドイツのUボートから、アメリカ軍上陸部隊の兵員輸送船団を護衛するため、上空を哨戒飛行する第41偵察飛行隊のドーントレスである。胴体国籍マークの黄色のリングは、味方識別用に付けられたものだが、ヴィシー・フランス政府の国籍マークも黄色で縁どりされていた。

大西洋で対潜哨戒任務についていた護衛空母「サンティー」と、その第29混成飛行隊のドーントレスも、「トーチ」作戦に参加していた。第29混成飛行隊は、元は第29護衛空母偵察飛行隊（VGS-29）と呼ばれていたが、1943年3月に混成飛行隊と改編された。この写真は1943年後半のものだが、甲板に帰還したばかりのSBD-5が並んでいる。機隊番号が29C22など、見慣れないが、これらは戦前の機体番号がそのまま残されているものであり、22番のように新しい番号が大きく白書きされている。

た。フランス艦隊は、この空からの攻撃で進路が乱れ、このののち連合軍側の艦砲射撃により撃退されている。空母「レンジャー」のドーントレス隊は、この日4回出撃し、1機が対空砲火で撃墜され、3機が被弾した。

また、この日の戦闘では、アメリカのドーントレスと、ヴィシー政府のDB-7（ボストン双発爆撃機）が、ともにダグラス製でありながら、お互い敵となって戦火を交えるという場面があった。双方ともに戦果をあげられなかったが、連合軍の上陸作戦「トーチ」の中での皮肉な一幕となった。

第4雷撃飛行隊VT-4のTBF-1アヴェンジャーとともに「レンジャー」の飛行甲板に並ぶ第4爆撃飛行隊のSBD-5。1943年末の撮影と思われる。この年の10月、第4航空群は枢軸側の艦船を攻撃する「リーダー作戦」に参加し、ノルウェーのボードー湾近くで5隻の船を沈め、多くの損害を与えた。2機のSBDが撃墜され、そのうち1機の搭乗員は捕虜となった。

「トーチ」作戦の2日目は、ドーントレス隊はとくに目立った戦闘任務にはついていない。護衛空母「サンティー」の第29護衛空母偵察飛行隊は、サフィ沖で終日対潜哨戒任務に就き、他のドーントレスは陸上部隊の支援に向かった。このうちの2機が、地上の敵対空砲火により被弾し、パイロットと銃手が負傷したが、墜落には至らなかった。

「トーチ」作戦3日目の11月10日、空母「レンジャー」から第41偵察飛行隊のドーントレスが出撃、戦艦「ジャン・バルト」を再び爆撃、投下爆弾9発のうち2発が命中した。続いて7機のドーントレスが500ポンド（225kg）爆弾で、障害となっていたエルハンクスのフランス軍対空砲陣地を爆撃した。

太平洋以外の戦域で、ドーントレスが空中戦を行った記録はひとつしか残されていないが、護衛空母「サンティー」の偵察隊、第29護衛空母偵察飛行隊のドナルド・パティ少尉のメモがそれである。パティ少尉は11月10日、僚機とともに偵察飛行任務に就いたが、僚機は敵対空砲火を被弾、少尉は単機で飛行を続けた。途中、ヴィシー政府の戦闘機が3機現れたが、これをかわし、雲に隠れながら飛び続け、目的地であるマラケシュ近郊チチャオアの敵飛行場上空に到達し、滑走路に戦闘機と双発の爆撃機が並んでいるのを発見した。以下はパティ少尉の手記である。

「見ると、双発機（ダグラスDB-7爆撃機）が1機、離陸するため滑走を始めていた。上空に上がられると、ドーントレスの速力と火力では太刀打ちできないので、すぐに撃ち落とさなければならないと思い、敵機めがけて上空から突っ込んでいった。後席の銃手には、私がこの敵機を攻撃している間、地上に並んでいる敵機を撃てるだけ撃ちまくれと命じておいた。

「離陸する敵機が射程に入り、照準を定め、引き金を引くと、銃弾が敵機のコクピットに吸い込まれるように命中していった。ドーントレスの前方機銃はエンジン・カウルの上部の12.7mm機銃2艇だが、プロペラと同調して銃弾が発射される、第一次大戦のままのしくみであった。

「旋回して、さらに地上に並ぶ敵機を銃撃し終わると、その頃には飛行場は蜂の巣をつついたような騒ぎになっており、敵戦闘機が飛び上がってくる前に引き返すことにした。無線封鎖を破り、母艦に位置を確認し帰投した」

パティ少尉はメモの中で、同じアメリカ製のダグラス機を銃撃するやるせなさを吐露もしていた。この3年後、少尉は軽空母「ラングレイ」（CVL27）の第23雷撃飛行隊を指揮し、戦争中アメリカ海軍唯一の夜間雷撃作戦を敢行している。

11月10日の午後には、護衛空母「サンガモン」の混成部隊が、ラバトとポート・リャウティの間に位置するフランス軍装甲車両部隊攻撃のため出撃し

海兵隊の第3海兵偵察飛行隊は、1944年夏に解隊されるまで、カリブ海の哨戒任務にいろいろな機体を使っていた。このSBD-5は大西洋方面の迷彩塗装で塗られており、全面が白で機体上面が独特なパターンのグレイである。この部隊は1943年末の時点で、アメリカ領セント・トーマス島に駐留し、6機のドーントレスを保有していた。

た。第26護衛空母偵察飛行隊のドーントレスとアヴェンジャー合わせて12機に、10機のワイルドキャットが護衛として加わり、樹木の陰に隠れる敵車両を超低空で攻撃、破壊した。フランス軍は激しい対空砲火で応戦したが、全機が母艦へ帰還している。短期間で完了した上陸作戦「トーチ」において、この戦闘は艦載機が行った作戦の中では最大規模のものであった。

翌11日の朝、護衛空母「サンティー」のドーントレス1機と、ワイルドキャット1機がマラケシュの飛行場を襲撃し、敵3機を地上で撃破炎上させたが、アメリカ軍は、この上陸作戦ですでに多くの航空機を失っており、これ以上この種の少数機での作戦行動を続け、損耗を深めるわけには行かない状態にあった。そうした中で、同日午前中にフランス軍との停戦協定が成立し、上陸作戦「トーチ」の戦闘行動は終了したのである。奇しくも、この日は第一次大戦休戦記念日でもあった。

この4日間の上陸作戦「トーチ」でのドーントレスの損害は、「サンティー」の第29護衛空母偵察飛行隊が4機を失ったのをはじめ、合計9機が戦闘や事故で失われている。

戦闘が終了したもつかの間、降伏したフランス軍とその潜水艦の代わりに、ドイツがUボートを派遣し、翌12日には輸送船が1隻撃沈され、空母3隻と巡洋艦1隻も魚雷攻撃にさらされた。このため、ドーントレスは休む間もなく対潜哨戒任務につかなければならなくなったのである。

「トーチ」作戦後も、空母「レンジャー」は上陸作戦に参加した多くの搭乗員とともに大西洋に留まっていたが、ほぼ1年後の1943年10月、ノルウェーのボードー港のドイツ艦船攻撃のため、一時的にイギリス艦隊の指揮下に入ることになった。ボードー港は北極圏に位置する辺鄙な港であったが、戦略的に重要であり、攻撃するに値すると判断され、作戦「リーダー」が発動されたのである。

10月4日、20機のSBD-5ドーントレスが、ボードーから150マイル(240km)の地点で空母「レンジャー」から出撃した。岩だらけの海岸線をたどって飛行すると、第4爆撃飛行隊が8000トン級のタンカーと輸送船を発見し攻撃、2発の直撃弾を与えた。さらに索敵飛行を続けると、駆逐艦に護衛されたタンカーと輸送船が現れ、ゴードン・クリンスマン少佐が6機のドーントレスで爆撃を行い、2隻ともに直撃弾を与え、そのうちの1隻が座礁した。この攻撃隊の残り8機は、さらにボードー港まで飛び、目的地上空で2機ずつ4編隊に別れ、それぞれ目標を選び爆撃を行ったが、対空砲火により1機が撃墜され、C・タッカー中尉とその銃手が戦死、他にも1機が不時着水し、搭乗員はドイツ軍に囚われ捕虜となってしまった。

第2波の攻撃隊は、10機のアヴェンジャーと護衛戦闘機からなり、戦果は5隻撃沈もしくは大破、4隻が中破であった。

A-24バンシー
Wail of The Banshee

あまり広くは知られていないことだが、アメリカ陸軍航空隊もドーントレスを使用していた。1941年に陸軍航空隊は78機のSBD-3を受領し、A-24バンシーと命名している。バンシーはダグラスのカリフォルニア、エル・セグンド工場で陸軍用に改造が施されており、外見的には尾輪が小径のソリッド・ゴムから大きな空気入りタイヤに換装され、航空母艦用の着艦フックが、フ

A-24バンシーが急降下をしている戦前の広報用写真。爆装はしていないが、このバンシーの写真で、アメリカ陸軍航空隊も急降下爆撃能力を有することを世間に知らしめようとしている。アメリカ陸軍は、爆撃に関しては多発機を偏重して、急降下爆撃機をほとんど省みなかったが、ドイツ空軍が見せた急降下爆撃の威力に気付き、その必要性に気付き、ダグラスA-20で急降下爆撃を検証してみた。ところがA-20のような双発機では降下角度は30度が限界であることが分かり、急きょ単発複座の急降下爆撃機に目を向けるようになったのである。(Rene Francillon)

ェアリングはそのままだが取り除かれていた。陸軍は当初、バンシーを練習機とするつもりで、カーチスA-25やヴァルティーA-31ヴェンジァンスが納入されるまでのつなぎ用として考えていた。

　ところが太平洋で開戦の風雲が高まり始め、陸軍は急遽、第27爆撃航空群を52機のバンシーとともにフィリピン防衛用に派遣することにした。搭乗員たちは早々にフィリピンに到着したが、バンシーはその輸送途中に開戦となってしまい、輸送先はフィリピンから途中のオーストラリアに変更されたのである。

　オーストラリアで、バンシーは第91爆撃飛行隊に引き渡され、12機がジャワ島の防衛に派遣された。バンシーは日本軍の上陸部隊橋頭堡攻撃に何度も出撃したが、制空権を奪われ、性能も日本機に及ばないため、日本軍の上陸を阻止することはできず、ほどなく撤退を余儀なくされた。

　陸軍の残りのバンシーは、第8爆撃航空群に支給され、ニューギニアのポートモレスビーに配備された。ところが1942年7月29日にブナの日本軍基地爆撃に向かった際、零戦の迎撃に遭い、出撃機7機のうち5機が撃墜されるという最悪の結果となってしまった。この一件により、バンシーはほぼ1年にわたり戦闘には使用されず、他の非戦闘任務のみに就くこととなった。

　こうした初戦の惨めな結果にもかかわらず、バンシーの生産は続けられ、1942年には90機が発注され、さらにSBD-4に当たるA-24Aバンシーが170機造られ、1943年にはSBD-5に当たるA-24Bが615機、オクラホマ州トゥルサのダグラスの新工場で造られた。バンシーの総生産機数は875機（原書のママ）に達している。

　1942年中期以降、陸軍航空群の10の部隊がバンシーを使用していたが、実際の戦闘任務についた部隊はたったの2つでしかなかった。

　ひとつは第407爆撃航空群で、1943年8月、アリューシャン列島キスカ島の日本軍陣地を爆撃した。が、この時点で日本軍はすでに撤退しており、基地は無人であった。

　今ひとつは、ハワイの第7航空群の第531急降下爆撃隊で、1943年にギルバート諸島に送り込まれ、P-39エアラコブラとともに戦闘爆撃隊に改編され、アメリカ軍制空圏内で戦闘活動を行った。同年12月

ダグラス・エアクラフト・カンパニーのオクラホマ州トゥルサの工場で出来上がったばかりのA-24Bバンシー。1943年12月頃の写真である。この工場では、月平均68機、合計615機のバンシーが造られた。カリフォルニア州エル・セグンドの工場で造られた90機のバンシーと、海軍向けから陸軍に回された78機のSBD-3を合わせると、バンシーは全部で783機が造られたことになる。(Rene Francillon)

バンシーは、飛び石作戦で取り残されたマーシャル諸島の日本軍基地を攻撃していたが、1943年後半まで、その活動はごく限られていた。頻繁に出撃するようになってからは、主にミレ島とウォトジェ島の日本軍基地攻撃を終戦まで続けていた。この機体42-54459は誘導する「Follow Me」ジープについてタキシングしているが、銃手は主翼の上に立って、路面の状況に気を付けている。胴体下に爆弾ではなく燃料タンクを付けているところを見ると、偵察任務に出るようである。(Rene Francillon)

初旬から翌1944年春にかけ、マキン島のバンシー隊が、ミッレとヤルート環礁の日本軍陣地と艦船に対し爆撃を繰り返した。後にこの部隊はP-40を支給され、さらにその後P-51マスタングを受領し、硫黄島からB-29爆撃機の長距離護衛任務を務めるようになった。

ニュージーランド軍のドーントレス
The Kiwi Connection

第二次大戦中、ニュージーランド空軍（The Royal New Zealand Air Force：RNZAF）には、急降下爆撃隊はたったの1部隊しか存在せず、1943年から1944年の第25飛行隊がそれであった。

同隊は1943年7月31日にオークランド近郊のシーグローブで編成され、指揮官は後に空軍指令となるT・マックリーン・デ・ランゲ飛行隊長であった。

部隊は、アメリカの第14海兵隊航空群から9機のSBD-3ドーントレスを供与され、搭乗員12組と整備兵数名で編成されたが、渡された機体のコンディションは劣悪で、飛行可能な状態にするのに1週間を要し、しかも、作戦飛行に使えそうなものはそのうちの3～4機のみという有様であった。

これは当時のアメリカ海兵隊の機体整備システムから生まれた弊害ともいえた。海兵隊は整備を要する機体を各飛行隊で整備せず、航空群の整備センターでまとめて整備していた。飛行隊が機体を必要とすれば、センターでプールしている整備済みの機体を引き取ればよく、運用面ではシンプルで合理的であったが、「自分の隊の機体」という意識が薄れ、整備作業の質が落ちてしまっていたのだ。

こうした理由で、ニュージーランドの第25飛行隊は劣悪なコンディションのドーントレスに苦労させられたのだが、その後さらに4機のSBD-3を供与され、同年9月にはさらに9機のSBD-4が供与されている。

これらのドーントレスのうち最初の18機のシリアル番号は、元の所属であるアメリカ軍のBuAer番号のほかに、ニュージーランド空軍のNZ200番台が付けられたが、後にドーントレスはすべてNZ5000番台に割り当てられることになり、この18機に関してはアメリカのシリアル番号の他にニュージーランドの番号を2つもつことになったのである。

さて、機体のコンディションに問題はあったが、第25飛行隊はドーントレスに習熟するための訓練を

ニュージーランド空軍唯一の急降下爆撃隊は第25飛行隊であり、1943年7月にシーグローブでT・J・マクリーン・デ・ランゲを隊長として創設された。部隊は、アメリカ海兵隊第14航空群から貸与された9機のSBD-3で編成されたが、後にSBD-3とSBD-4が13機追加された。写真の5番機は、ニュージーランドで慣熟飛行をしているときのものである。(Rene Francillon)

ニュージーランド空軍は慣熟飛行期間中、パイロットは平均200時間近く、銃手は60時間から120時間飛行した。この機体はNZ5024のSBD-4で、着陸の際、主翼を接地させて滑走路を外れ、軟泥地に機首を突っ込んでしまった。主翼端がもげているのが分かる。尾輪は、艦載機用の小径ソリッド・ゴムのものが付いている。(Rene Francillon)

始めた。まず教官と6時間飛行し、続いて10時間の計器飛行を含む16時間のソロ飛行を行った。ただし計器飛行訓練では、ドーントレスの後席からの前方視界が悪いため、2機のハーヴァード練習機が代用として使われていた。

こうした習熟訓練を行っている間に、飛行隊のバッジとモットーも決められ、バッジのマークはカスピ海のアジサシ（カモメの1種）が爆弾を掴んで急降下しているもので、モットーは「たゆまぬ努力」を意味する先住民マオリ族の言葉「kia kaha」とされた。

習熟訓練に続く戦闘訓練では、3通りの攻撃を訓練した。75度急降下爆撃と、45度緩降下爆撃、そして対潜水艦用の艦橋爆撃であるが、これは50フィート（15m）の超低空で引き起こしを行うものであった。戦闘訓練はパイロットが100〜200時間、通信士兼銃手（wireless operator air gunner：WAOG）が60〜120時間で終え、部隊は実戦参加の準備を完了した。

訓練を終えた搭乗員たちが戦地に移動する直前の1944年1月6日、マクリーン隊長は18機のドーントレスで、首都オークランド上空を編隊を組んで飛行し、その雄姿を首都の人々に披露した。オークランド市民にとって、18機のドーントレスはかつて見たことのない大編隊だったのである。

部隊はドーントレスをニュージーランドに残し、エスピリ・サントのパリクロへ向かいしばらく滞在していたが、その間にアメリカ海兵隊から18機のSBD-4を受領し、2月いっぱい戦闘訓練を繰り返していた。これらの機体のコンディションもニュージーランドに残してきたものと大差ない劣ったものであったが、この月の下旬に、部隊は新品のSBD-5を受領した。

部隊は18機のドーントレスで編成されるはずであったが、最終的には24機を保有するようになっていた。

3月22日、第25飛行隊はガダルカナル島のヘンダーソン飛行場を経由し、ブーゲンビル島のピヴァ飛行場へ転出し、そこでソロモン諸島攻撃司令部の指揮下に入り、12の攻撃目標に対し、毎回約15機のドーントレスで出撃するようになった。

重要攻撃目標であるラバウルには、2つの攻撃目標があり、ひとつはシンプソン周辺の敵施設、もうひとつはラバウル市から10マイル（16km）南にあるブナカナウの日本軍飛行場で、1回の出撃の平均飛行時間は3.5〜4時間であった。第25飛行隊は、アメリカ軍機と他のニュージーランド空軍機からなる60〜80機の大編隊の一翼を担って攻撃に参加していたが、この編隊の構成は通常、48機のドーントレスと24機のアヴェンジャー、そして護衛戦闘機群というものであった。

部隊は8週間戦闘に参加し、隊員たちの平均出撃回数は30回に達した。戦闘での損失は皆無であったが、事故などにより3名のパイロットと2名の銃手、そして6機のドーントレスを失っている。

1944年5月20日、部隊は前線を離れ、ラッセル島のアメリカ海兵隊基地へ

ニュージーランド空軍の第25飛行隊は、1944年3月から、ブーゲンビル島を基地とし、23機のSBD-5で戦闘に参加し始めた。続く2カ月間、部隊はアメリカ海兵隊とその他の連合軍機とともに、ニューブリテン島ラバウルの日本軍基地を攻撃している。写真はNZ5056が、ピバのスチール・マット滑走路を、500ポンド（225kg）爆弾と、両翼に100ポンド（45kg）爆弾を装着してタキシングしている。第25飛行隊は2カ月間の戦闘期間中、撃墜された機はなかったが、事故で3人のパイロットと、2人の銃手、6機の機体を失っている。(Rene Francillon)

飛び、そこでニュージーランド空軍仕様に塗られた機体を海兵隊に返却し、マクリーン隊長以下隊員たちは、ダコタ輸送機に乗り、故国へと帰還したのであった。

第25飛行隊に続くドーントレス隊として、第26飛行隊の編成が考えられていたが、ニュージーランド空軍首脳部は、キティホークやコルセアなどの戦闘機でも十分対地攻撃が可能だと判断し、第2のドーントレス隊が誕生することは遂に起きることがなかった。

一方、ニュージーランドに残されていたドーントレスはホブソンヴィル飛行場に格納保存されていたが、1947年11月に全機スクラップとして売却され解体された。

30年後、ニュージーランド空軍史家にして飛行隊隊長のクリフ・ジェンクスは、第25飛行隊の戦歴から、ドーントレスを「成功した失策」(a successful failure) と評した。ドーントレスを導入するのは遅きに過ぎ、十分活躍させることができなかったが、隊員たちはアメリカ海兵隊と協力し、南西太平洋から日本軍の強固な陣地を撃退することには成功した、というのが氏の評価である。

フランス軍のドーントレス
The French Connection

第二次世界大戦に参戦した各国の軍隊の中で、フランス軍はドーントレスに攻撃され、またドーントレスで攻撃する、というユニークな経験をした軍隊である。

1942年11月、ヴィシー・フランス政府統治下の北アフリカ・モロッコへの、連合軍の上陸作戦「トーチ」では、アメリカ海軍のドーントレス飛行隊が、フランス海軍と陸軍に、爆撃と機銃掃射を浴びせたが、その2年後、自由フランス軍のパイロットたちは、ドーントレスを駆ってドイツ軍を爆撃していたのである。

1943年、自由フランス軍の飛行隊は40〜50機のA-24Bバンシーを供与され、モロッコとアルジェリアで飛行訓練を始めた。Groupe de Combat GC I/17「ピカルディ」は連合軍の雑多な第二線機を使用していたが、バンシーは沿岸警備を担当していた飛行隊に使用されていた。

1944年の初頭、フランス・レジスタンスの活動を空から援護するために、新たなGroupe de Combat GC I/18「ヴァンデ」が戦闘爆撃隊として編成され、シリアとモロッコから経験を積んだパイロットたちとともにバンシーが送り込まれてきた。同部隊はラビオ隊長を指揮官として、ノルマンディ上陸作戦後の8月に、開放されたばかりのトゥールーズに飛び、そこを基地とした。

9月初旬には、敗走するドイツ軍を追撃するための出撃と戦闘が繰り返されたが、ドイツ軍の対空射撃管制システムは強力で、最初の2日間で3機のバンシーが撃墜され、他

自由フランス軍の飛行隊は1943年にモロッコとアルジェリアで40機から50機のA-24Bバンシーを受領している。この塗装の剝げた機体は、この時期沿岸哨戒任務に就いていた GC I/17 の飛行隊のものと思われる。機体番号23と27の機体は、垂直尾翼に書き込まれていたアメリカ陸軍機体番号の上にストライプが引かれている。(Rene Francillon)

自由フランス軍のバンシーで最もよく戦ったのはGC I/18「ヴァンデ」所属の部隊で、1944年は南フランスで連合軍の支援をしていたが、その後沿岸や、ロリアン、ボルドーのドイツ軍基地を攻撃するようになった。写真の機体は元はアメリカ陸軍の42-45541番機であるが、上面オリーブドラブと下面グレイの機体色はそのままに、フランス軍国籍マークと白地にロレーヌの十字が描かれている。(Rene Francillon)

の多くの機体も被弾損傷してしまった。

　その後、連合軍のフランス侵攻と開放が進むにつれ、GC I/18は大西洋沿岸での爆撃任務を割り当てられ、ロリアンやボルドーのドイツ軍陣地や港湾施設への爆撃のほか、分断された占領地への補給を図るドイツ艦船への海上攻撃など、活躍する機会が増えていった。

　1945年5月、ヨーロッパの戦いが終ると、これらのA-24バンシーは練習機として使用されるようになったが、そのうち25機はモロッコへ送り返され、やはり練習機として使用されていた。なお、フランスの研究家J・キュニーによると、これらモロッコへ戻ったバンシーは、砂漠のパトロールなどにも使用されていたが、1953年までに全機が退役しているとのことである。

　SBDドーントレスももちろん、自由フランス軍に供与されており、リビエラでの「アンヴィル=ドラグーン」作戦終了の後、フランス海軍航空隊（Aeronotique Navale）がSBD-5を受領している。これを基に1944年後半、モロッコで3FBと4FBの2飛行隊（flotilles）が編成され、それまでマーチン167やヴォート156（SB2Uヴィンディケーターの輸出型）を飛ばしていたパイロットたちがドーントレスで飛行訓練を始めた。

　飛行隊3FBと4FBは、それぞれ16機のドーントレスとともに、フランス本土に移り、第2海軍航空群（Groupe Aeronavale No.2：GAN2）の指揮下に入り、コニャックを基地とした。彼らの実戦への初出撃は1944年12月9日であったが、空軍のバンシー隊と同様に、ドイツ軍の強力な20㎜と37㎜の対空砲火により、4機が撃墜されるという大損害をこうむってしまった。またこの出撃では他に1機のドーントレスが、搭載爆弾の早期異常爆発により失われている。

　初陣で大きな損害を出しはしたが、その後の戦闘でドーントレスはよく活躍した。1945年4月、第2海軍航空群が他の全所属機を含めて、一日平均72目標を攻撃したといわれる激戦の一週間があったが、ドーントレス隊もよく戦い、各機とも一日平均3回の出撃を繰り返していた。

　戦後、フランス海軍はイギリスから航空母艦「バイター」と「コロッサス」を受領し、それぞれ「ディズムンテ」、「アロマンシェ」と改名したが、飛行隊3FBと4FBはその所属飛行隊となり、ドーントレスはその本来の用途であった艦載機として1949年まで運用されていた。

　ニュージーランドとフランスの他は、メキシコも戦時中バンシーを使用していた。メキシコ空軍（Fuerza Aerea Mexicana）の飛行隊（esquadra）のひ

1944年後半に、フランス海軍戦闘爆撃隊が2隊、SBD-5を装備して創設され、その内のひとつが飛行隊 (Flotille) 4FBであった。この機体は同隊の4.F.17で沿岸を低空で飛行している。飛行隊3FBと4FBの搭乗員の多くは、輸出型のアメリカ機、マーチン167や、ヴォート156を装備していた部隊から転属してきた者で、モロッコで訓練をし、1944年12月からヨーロッパ戦線に参加するようになった。
(Rene Francillon)

とつが26機のバンシーを練習機として使用し、トレーニングを終えたパイロットたちはフィリピンへ出征して、P-47Dサンダーボルトを駆り、アメリカ陸軍の第5航空隊とともに、日本軍を相手に戦ったのである。これらのバンシーは1944年からは、メキシコ湾で対潜哨戒任務についたが、その頃はすでにUボートがアメリカの沿岸まで遠征してくることはなくなってはいた。

　トゥルサとエル・セグンドの工場から出てきた急降下爆撃機、SBDドーントレス／A-24バンシーは、よその国ではほんの少数が使われたに過ぎないが、日本とドイツを相手に、太平洋、大西洋、地中海、そしてヨーロッパ大陸と、世界中で活躍したのである。

新しい部隊マーキングになったドーントレスが、1945年頃の大西洋沿岸と思われる上空を飛行している。機体はアメリカ海軍の3色迷彩のままだが、尾翼にはフランス国旗に錨をあしらったフランス海軍のマークが描かれている。胴体ラウンデルには未だ錨のマークがないが、機体番号は新しい三桁のものに替えられている。戦後、フランス海軍戦闘爆撃隊3Fと4Fはそれぞれ、空母「ディスムンデ」と「アロマンシュ」所属の飛行隊となっている。
(Rene Francillon)

chapter 7
まとめ
Perspective

　ドーントレスの運用は、その期間も地域も、アメリカの当初の予定を遥かに超えて、6つの航空軍——アメリカ海軍、アメリカ海兵隊、アメリカ陸軍、フランス空軍、フランス陸軍、ニュージーランド空軍——の飛行隊の手で、太平洋、大西洋、地中海、そしてヨーロッパで、第二次大戦の全期間を戦った。ドーントレスで戦闘する機会が一度もなかったメキシコ空軍も勘定に入れれば、大戦中に7つの空軍で使用されたことにもなる。

　また、大戦のためドーントレスと姉妹機バンシーの需要も膨大なものとなり、その生産量は、アメリカ海軍とダグラスが開戦以前に立てていた計画量を遥かに上回るものとなった。

　生産初年度の1941年には332機のドーントレスが造られたに過ぎなかったが、翌1942年にはエル・セグンド工場で864機が生産され、1943年には3000機以上が生産されたのである（この数値にはオクラホマ州トゥルサの工場で造られていたバンシーは含まれていない）。1カ月あたりの最多生産記録は、1943年5月のもので、SBD-5とA-24B合わせて419機が造られた。

　真珠湾奇襲後の危機的戦況の12カ月間、ドーントレスはアメリカ海軍にとって最も重要な航空機だった。航空母艦が通常搭載する72機の艦載機のうち、その半分をドーントレスの偵察隊と爆撃隊に割り当てる用兵方法で戦争に臨んだため、数量的にも作戦上でも、アメリカ海軍のどの艦載機よりも重要な存在となったのである。

　1942年5月の珊瑚海海戦から、1944年6月のフィリピン海海戦まで、航空母艦同士の戦闘に常に参加していた海軍機はドーントレスだけであり、この一事実をとっても、ドーントレスがいかに太平洋戦の勝利に貢献していたかがよく分かる。とくに、ミッドウェイ海戦では、たった1日の間に日本の空母を4隻も沈めるという大戦果をあげ、太平洋戦争の流れを決定的に変えてしまった。

　また、こうした事実を見ると、いかにアメリカ海軍が急降下爆撃という戦法を重要視していたかもよく分かる。

　長期間に及んだ1942年後半のガダルカナル戦では、ワイルドキャット

爆弾を投下し終わり、反転して遠ざかっていく1944年初頭の「エンタープライズ」のSBD-5。大戦中、「エンタープライズ」の飛行隊は、他のどの空母よりも多く戦死者を出していた。パイロットが27人、銃手が29人戦死しているが、この数字は、全空母のドーントレス隊戦死者数のほぼ半分に迫るものである。こうした事実を踏まえて、この写真を眺めると、あたかも往年の勇者が歴史の中に消え去って行く場面のようである。

優秀な若者を、航空兵養成コースに誘う、戦時中の海軍兵員募集用広報写真のひとつ。精悍な銃手と日本軍キルマークが組み合わされ、颯爽とした航空兵のイメージを作り出しているが、実戦に出られるようになるまでには、1年以上も射撃、通信、電子工学、編隊飛行といった訓練をしなければならなかった。

の戦闘飛行隊は27部隊から36部隊へと増えたが、アメリカ海軍において、最も攻撃力の高い機体というドーントレスの立場は変わることがなかった。

　海兵隊のドーントレスも、ガダルカナル島のヘンダーソン基地において、他のどのアメリカ軍機よりも活躍した。ヘンダーソン基地への補給路を確保し続け、基地を存続させ、ソロモン諸島周辺を制圧するための戦闘を続行し得たのは、少数機のアヴェンジャーの手助けもありはしたが、ドーントレスの貢献があったればこそのことである。また、ガダルカナル島の日本軍への補給「トーキョー・エクスプレス」を阻止するために活躍したのもドーントレスであった。ベルP-39エアラコブラや、B-17フライング・フォートレス爆撃機も、日本の補給艦船を爆撃することがあったが、それらは対艦攻撃には向かず、雷撃機のアヴェンジャーも魚雷の不良問題などのため、あまり戦果をあげられなかったのだ。

　ところで、このガダルカナル島攻防戦に関しては、「カクタス・エアフォース」（ヘンダーソン基地のアメリカ海兵隊と海軍の飛行隊の通称）の装備機がドーントレスではなく、新型のヘルダイヴァーだったら、アメリカはガダルカナル島を失っていただろうという仮説がある。

　ヘルダイヴァーはドーントレスよりも、大きく、強力で、爆弾搭載量も多いが、複雑な油圧系統やその他の凝ったシステムで構成された機体のため、パーツや工具、整備要員などが十分に整った航空母艦内であっても、メンテナンスは容易ではなかった。そのような機体を、パーツも、工具も、整備員も、燃料も、弾薬も、何もかも常に不足し、しかも土埃だらけで、雨が降ればドロドロの泥濘になるヘンダーソン基地に持ち込んだら、可動率は著しく落ちてしまったはずだ。

　信頼性が高く、シンプルで、整備が簡単なドーントレスでさえ、飛び続けられるようにメンテナンスするのが大変だった環境に、気難しいヘルダイヴァーがやって来れば、ドーントレスと同じペースで出撃できるはずもない。もし、ヘルダイヴァーが1941年末か、1942年の前半に就役し、ドーントレスと入れ替えられていたら、「カクタス・エアフォース」の攻撃力は低下し、アメリカ軍はガダルカナル島を守りきれなかったかもしれないのだ。

　中部太平洋では、陸上基地をベースとするドーントレスが、アメリカ軍の「飛び石」作戦で残された日本軍に対して、1944年の末ごろまで爆撃を繰り返していた。この任務は徐々にコルセアやヘルダイヴァーに移されていき、とくにマーシャル諸島ではほとんど入れ替えられたが、最後までドーントレスも使用されていた。

　海兵隊のドーントレスも同様に、フィリピン奪還の戦闘で最後まで使用されていた。作戦の中で、アメリカ陸軍史に前例のない戦法がとられたが、海

兵隊のドーントレスがその一役を担っていた。マニラ侵攻作戦で、第1騎兵師団が軍を進めていた際、その側面を日本軍から守っていたのは、海兵隊のドーントレス飛行隊だったのだ。作戦の成功と、空飛ぶ海兵隊の働きに、騎兵隊の師団長は惜しみない賛辞を送ったが、この戦法は、ドイツ空軍がポーランドなどでユンカースJu87シュトゥーカを使って成功した戦歴を参考にしたものであった。

　パイロットたちは皆、ドーントレスを高く評価しているが、ここに彼らのそうした回想をいくつか紹介してみよう。

1944年夏、「レキシントン」の甲板で撮られたスナップであると思われるが、爆撃機を目標上空に持って行くのはパイロットと銃手だけではないことがよく分かる写真である。1機出撃させるにも、誘導員や、整備員、甲板要員や、その指揮官たちなど、多くの要員のチームワークが必要なのである。また、そうした要員たちは、エンジンの爆音でほとんど口頭伝達ができず、回転するプロペラの危険性と常に背中合わせでもあった。

空母「エンタープライズ」第6爆撃飛行隊　隊長　リチャード・H・ベスト

「自分の乗った飛行機には、誰もが愛着をもつものだが、そういう一般的な印象以外の思い出となると、たいていの場合、扱いにくかった装備や、心臓が止まりそうになった一瞬などが、最初に思い出されたりするものだ。私の場合もそうで、ドーントレスの失速癖を覚えている。初期型は基本的フォームをノースロップBT-1を基にしていたのだが、主翼付け根が失速しがちで、エルロンが効かなくなることがあった。主翼前縁にスロットを設け、翼端に振り下げを3度付けると、ずっと操縦しやすくなったことを思い出す。

「機体に関係したこの他の思い出というと、防弾装甲シートがある。これは戦争が始まった頃取り付けられたのだが、ものすごく重かった。シート高を調整するレバーが付いていたが、いったんシートを下げてしまうと、ウェイトリフティングの練習みたいに力をこめないと、とても引き上げることができないくらいの重さだった。

「後席にも、戦争が始まった最初の月に防弾板が取り付けられたが、これは中に座る銃手たちには不評だった。かさ張る飛行服やパラシュートのストラップが引っかかって、乗り降りがしにくくなったので、万一の脱出の際にも手間取り、パイロットだけさっさと飛び降りて、自分たちは墜落する機体とともに落ちて死ぬかもしれないと怖がっていたのだ。私は銃手たちがそんなことを考えているとは知らず、防弾板が取り付けられてからの1〜2週、自分の銃手がいつも後席で立っているのに気付き、問いただして初めて知ったのである。彼を残して先に脱出するようなまねは決してしないと約束してやると、ようやく安堵してちゃんと座っているようになった。

「ほかに思い出すことは、ライトのエンジンだ。飛んでいる時は豪快な音に聞こえるのだが、地上で回しているとものすごくうるさかった。プラット＆ホイットニーのエンジンに換装された時は、あんまり静かなので、まるで子猫がゴロゴロのどを鳴らしているみたいだと思ったものだ」

空母「ヨークタウン」第5偵察飛行隊
及び「エンタープライズ」第10爆撃飛行隊　ハロルド・L・ビュエル

「1942年頃のドーントレスの爆装だが、『ビッグE』（エンタープライズ）や『ヨークタウン』から策敵や対潜哨戒に出撃する時は、偵察隊も爆撃隊も500ポンド（225kg）の通常爆弾を搭載していた。また、珊瑚海のツラギや、ガダルカナルの上陸作戦と周辺の艦船攻撃など、通常の爆撃任務では1000ポンド（454kg）爆弾を使っていた。ところが、ヘンダーソン基地の『カクタス・エアフォース』に入り、フライト300として出撃する時は、いつも500パウンダーを積んでいた。ヘンダーソン基地には500ポンド爆弾しかなかったし、滑走路がデコボコの上に短かったので、ドーントレスでは1000ポンド爆弾を積んだとしても、離陸はできなかったのだ。もっとも、滑走路はその後延長されて、マーストン・マットも敷かれたので、それ以降は1000ポンドを使うようになったはずだ。

「空母からの発進は、飛行甲板に並んでいる前の方から順次発艦していたが、偵察隊も爆撃隊もゴチャ混ぜで、とにかく並んでいる順に飛び立っていた。これでは上空で編隊を組むのに時間がかかるので、なるべく部隊ごとに並び、効率よく発艦できるように指導していた。とくに、日の出前に出撃する時など、これは重要なことだった。

「ドーントレスを使っていた頃は、離陸を楽にするために軽い500ポンド爆弾を選択することがあったが、その判断は飛行甲板の滑走可能な距離だけで決めていたのではない。空母が風上に向かって十分な速度で航行してくれなければ、安全な離陸ができるだけの必要な向かい風は得られず、そうなれば500ポンドより軽い爆弾を積んだって離陸はできなかった。もっとも、ヘルダイヴァーを使うようになった1943年の中期以降は、徹甲弾やナパーム弾を始め2000ポンド（約1トン）爆弾まで、いろいろな爆装が選べるようになった。

「急降下爆撃機パイロットの中には、ヘルダイヴァーを悪くいう者もいるが、私はそうは思わない。あの飛行機で何度も命中弾を出したし、戦闘でひどいダメージを受けても、多くの搭乗員たちが無事に帰還することができた。ヘルダイヴァーは兵器として、ドーントレスよりずっと扱いが難しく、こちらのミステイクを許さないような機体だったので、補充機とともに新米パイロットとしてしょっちゅう送り込まれてきていた、経験不足のお若い少尉様たちにとっては、確かにネメシス（ギリシア神話の復讐の女神、もしくは天敵の意）みたいな機体ではあった」

空母「サラトガ」及び「ヨークタウン」第3爆撃飛行隊隊長
マックウェル・F・レスリー

「第二次大戦中、優れた働きをしたといわれる航空機は沢山あるが、ドーントレスはその中でもとくに優れた機体のひとつだったと思う。優秀な急降下爆撃機として何ひとつ欠けるものはなかった。

「馬力は165ノット（305km/h）で巡航するのに十分有り、我々を護衛するヘルキャットにもちゃんとついていくことができたし、後期型は燃料タンクが防弾式になり、パイロットとリア・ガンナーも防弾装甲で守られ、多くの搭乗員が死なずに済んだ。

「爆撃に関しては、ドーントレスのダイブ・フラップは、私が乗ったどの急

ダイブ・ブレーキをいっぱいに広げて、SBDが急降下の訓練をしている。通常、ドーントレスは高度15000フィート（4500m）からダイブを始め、降下速度240マイル（384km/h）、約30〜35秒で、爆弾投下高度1500〜2000フィート（450〜600m）に達した。この間にターゲットとなる軍艦は、約200ヤード（182m）は移動するので、爆弾を命中させるには、常にスムーズにターゲットを追わなければならなかった。(NP)

降下爆撃機よりも優れており、最も安定した急降下ができた。投弾トリガーも、機械式から電気式に変わり、爆弾を一瞬のタイミングで投下できるようになり、大きく進歩した。不満を強いてあげるとすれば、すぐ曇ってしまう望遠鏡式の爆撃照準機で、これのせいで正確な爆撃ができないことがあった。大気の条件が変わると曇ってしまい、そうなると外付けの不正確な照準機を使うしかなく、厄介だった（SBD-5以降は光電反射式照準機になる）」

ガダルカナル島　第232海兵偵察爆撃飛行隊　ブルース・プロッサー

「たいていの人は気付かないようだが、ドーントレスは元々ハイパフォーマンスな機体だった。すべての装備を外した機体なら、当時の戦闘機と互角の性能だったはずだ。重い装甲板や、投弾機、通信機などの多数の電子機器、そうした装備を組み込まれてゆくうちに、オールド・ガールは元々のパフォーマンスを失ってしまったのだ。

「ドーントレスは頑丈で、安定していて、信頼性が高く、多目的に使え、いろいろな種類の爆弾も積める便利な機体だった。ダイブ・フラップを上手に使えば、他のどんな機体よりも安定した急降下ができたし、降下スピードのコントロールもできて、重い爆弾でも爆撃しやすかった。私の場合、ダイブ・フラップはいつも急降下を始めてから、パッと開くようにしていた。

「このオールド・ガールにはひとつだけ癖があって、それは、左へ垂直に急旋回すると、何の予兆もなしに、突然機首が下がって失速することだった。右側に旋回する時は、この症状はそれほど急にも、激しくも起こることはなかったが、十分な高度がある時しかこの操作はしないように気をつけていた」

　上記の各パイロットのコメントをまとめると、ドーントレスは急降下爆撃にうってつけの機体であったことがよく分かる。丈夫で、シンプルで、重大な不具合もない上に、整備がしやすく、適当な設備があればどこでも高い可動率が維持できた。スピードは速くなかったものの、正確な爆撃と、十分な航続距離、十分な爆弾搭載量を備える、第二次大戦中もっとも活躍した海軍攻撃機、それがSBDドーントレスなのである。

訳者付記
ダグラスSBD-3ドーントレス　主要諸元
全長：9.76m、全幅：12.50m、全高：3.96m、乾燥重量：2964kg、全備重量：4318kg、エンジン：ライトR-1820-52サイクロン星型9気筒1000馬力、最高速度：時速408km（高度4270m）、巡航速度：時速296km（高度4270m）、上昇速度：3050m／7分、実用上昇限度：7690m、偵察航続距離：1240km、武装：機首12.7mm機銃x2、後部7.7mm旋回機銃x2、胴体下1000ポンド（454kg）爆弾x1、主翼下100ポンド（45kg）爆弾x2、乗員：2名。

SBD-1：ライトR-1820-32サイクロン1000馬力エンジン
SBD-2：燃料搭載量増加、航続距離増加
SBD-3：ライトR-1820-52サイクロン1000馬力エンジン、防弾燃料タンク。
SBD-4：電装24V化

SBD-5：ライトR-1820-60サイクロン1200馬力エンジン、
機銃弾増加、光電式照準器
SBD-6：ライトR-1820-66サイクロン1350馬力エンジン、燃料搭載量増加

カラー塗装図　解説
colour plates

1
SBD-3　BuNo 03213　「白の0」　空母「サラトガ」(CV3)
航空群司令ハリー・D・フェルト中佐とクレタス・A・シュナイダー主任通信士　1942年8月

フェルト中佐はSBDの古参パイロットのひとりで、第2偵察飛行隊が1940年にSBD-2を受領した時、同隊の隊長であった。中佐は1942年の夏まで「サラトガ」の航空群司令で、BuNo 03213 の「Queen Bee」を搭乗機としていた。尚、中佐は、たぶん初めて機番に0を使った航空群司令であろう。この機体でフェルト中佐は1942年8月24日に空母「龍驤」攻撃を指揮し、同艦を撃沈している。コクピット前方に書かれた旭日旗は、中佐が出した命中弾の数であるが、SBDにこのようにキルマークを付けるのは珍しい事だった。過去30年ほど、各種プロファイル・ブックなどに日の丸のキルマークを付けたSBD、例えば第2偵察飛行隊のレブラ中尉とリスカ通信士の機体などが描かれていたが、これらは間違いである。ただし、1944年から1945年にかけて、中部太平洋に展開していた海兵第4航空団のSBDはその例外であり、「スペードのエース」のような飛行隊のエンブレムなども書き込まれていた。また、キルマークとしては、旭日旗のヴィクトリー・フラッグはこの時期のSBDには非常に珍しく、フェルト中佐の他は、ガダルカナル戦で空母「ワスプ」のSBDが、戦闘機隊を差し置いて敵機7機撃墜をスコアした短期間付けていたに過ぎない。なお、フェルト中佐のこの機体は、後に着艦事故で損傷し、中佐が「サラトガ」を退官した数カ月後に、海上投棄されている。

2
SBD-3　BuNo 4531　「白のS-11」
空母「レキシントン」(CV2)　航空群司令ウィリアム・B・オールト中佐とウィリアム・T・バトラー一等通信士　1942年5月8日

オールト中佐は、司令官用の専用機をもっていたが、5月8日の珊瑚海海戦で、空母「翔鶴」を攻撃したときは、この第2偵察飛行隊の機体で出撃していた。この戦闘で、中佐は零戦二一型に迎撃され、無線で銃手ともども負傷したことと、彼の率いた編隊が命中弾を出したことを報告したが、そのまま悪天候の中で消息を絶ってしまった。過去何十年か、各種プロファイル・ブックには、飛行隊マークや、2-S-11のようなフルネームの機体番号が描かれていたが、「レキシントン」の飛行隊にはそのようなマーキングは存在しなかった。図の機体は第2偵察飛行隊のS-11番機で白で書かれており、これに対し第2爆撃飛行隊の機体番号は黒で書かれていた。こうした機体番号などは、開戦後の数週間で、例えば2-S-11はS-11など先頭の数字を省き簡略化されていった。また、白で書かれていた戦前の機体番号も、多くは黒に変えられていった。

3
SBD-3　BuNo 4537　「白のS-8」　第2偵察飛行隊
空母「レキシントン」(CV2)　ウィリアム・E・ホール中尉とジョン・A・ムーアー等水兵　1942年5月8日

栄誉章を授章したホール中尉の搭乗機。1942年5月8日、ホール中尉は母艦「レキシントン」を日本軍撃機から防衛するため、低高度防空任務に就き、空戦中に被弾し、足に重症を負ったがなおも戦闘を続け、九七艦攻1機を撃墜、その勇敢な行動に対して栄誉章が贈られた。尚、中尉の機体は無事着艦はできたが、損傷が激しく、ほどなく海上投棄されてしまった。前出のS-11同様、この機体も偵察隊と判るように機体番号は白で書き込まれているが、胴体のみでエンジン・カウルには書き込みがなく、たぶん主翼前縁に書き込まれていると思われる。このSBDの塗装は、対戦初期の典型的な太平洋の艦載機塗装パターンであるが、ミッドウェイ海戦の頃にはすでに新しい迷彩塗装が採用され始めていた。実践の経験から、1942年初頭には、海面とのコントラストをより低くするため、機体上面をブルーグレイに塗る航空群が増え始めていた。また味方識別効果を上げるため、1月5日には海軍本部が、尾翼ラダーを13本の赤白ストライプに塗ることを正式に認めており、主翼の国籍マークもエルロンにかかるほど大径のものに塗り直されるようになった。当時の写真を見ると、このマーキングの変更には数カ月を要したようで、国籍マークは大径の物と小径のものが混在し、中には大小両方のマークを付けたままの機体もあった。

4
SBD-3　「黒のB-1」　第3爆撃飛行隊
空母「ヨークタウン」(CV5)　マックスウェル・F・レスリー少佐とW・E・ギャラハー等通信士　1942年6月4日

この図は、ミッドウェイ海戦でレスリー少佐が第3爆撃飛行隊を率いて空母「蒼龍」を爆撃した時の機体である。少佐の機は途中、他の3機と共に電気式投弾機の不具合で1000ポンド（454kg）爆弾を失っていたが、攻撃の際は部隊を先導しながらダイブし、自らは機首の12.7mm機銃で敵艦の対空砲座を機銃掃射した。「蒼龍」はこの爆撃で沈没し、少佐は無事に機動部隊まで帰投したが、母艦は空母「飛龍」の飛行隊に攻撃されており着艦できず、燃料切れとなって巡洋艦「アストリア」の横に着水、ギャラハー銃手とともに救助されている。この機体の国籍マークには中央の赤丸がないが、これは日本軍機と間違えられないようにしたもので、1942年5月15日以降の新しいマーキングである。ミッドウェイとガダルカナル戦までは、ほとんどのSBDは機体上面はブルーグレイで、下面はグレイに塗られ、白い星マークを6カ所に付け、機体番号を黒で書き込んでいた。

（100頁へ続く）

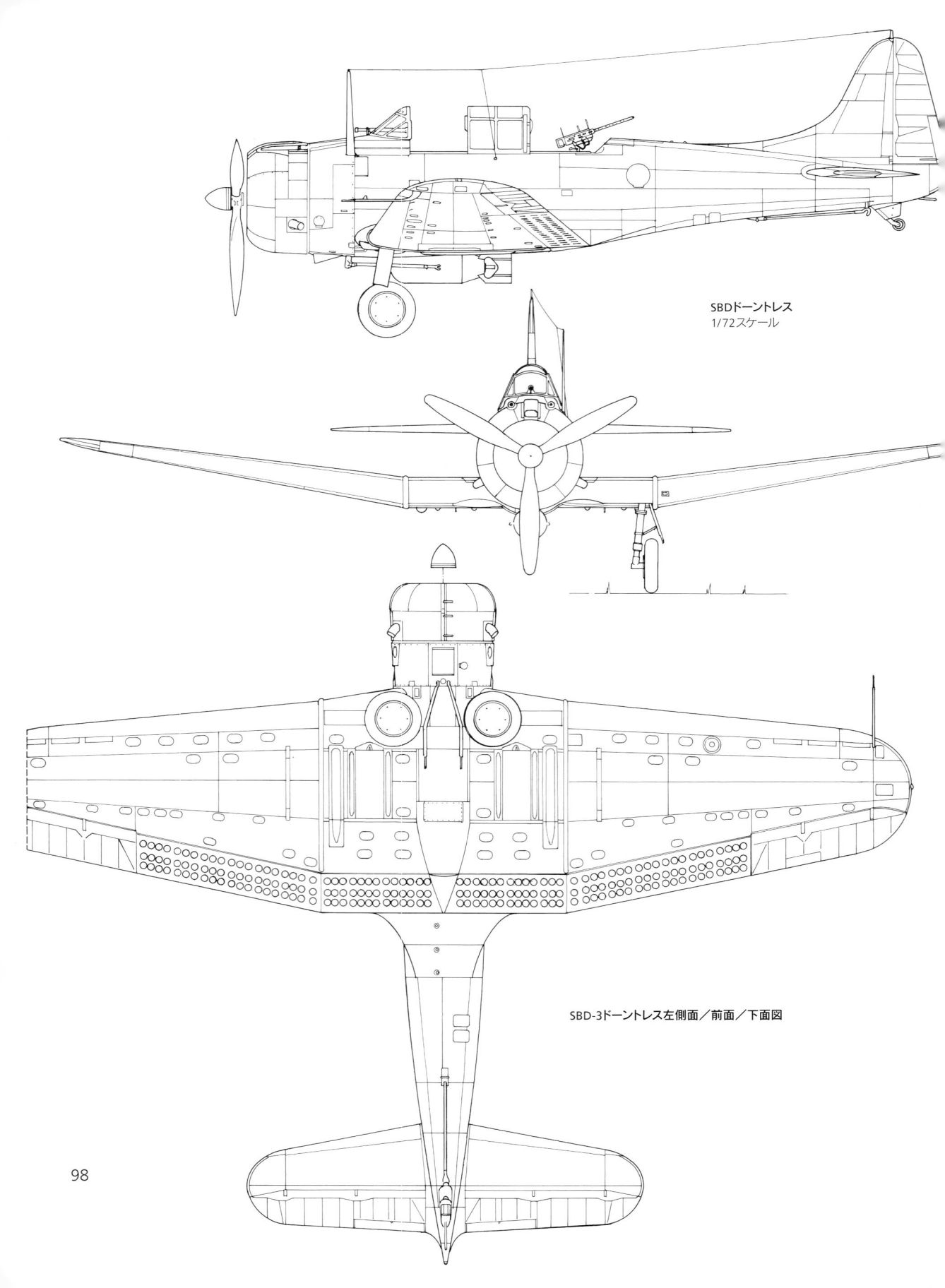

SBDドーントレス
1/72スケール

SBD-3ドーントレス左側面／前面／下面図

SBD-5ドーントレス右側面図

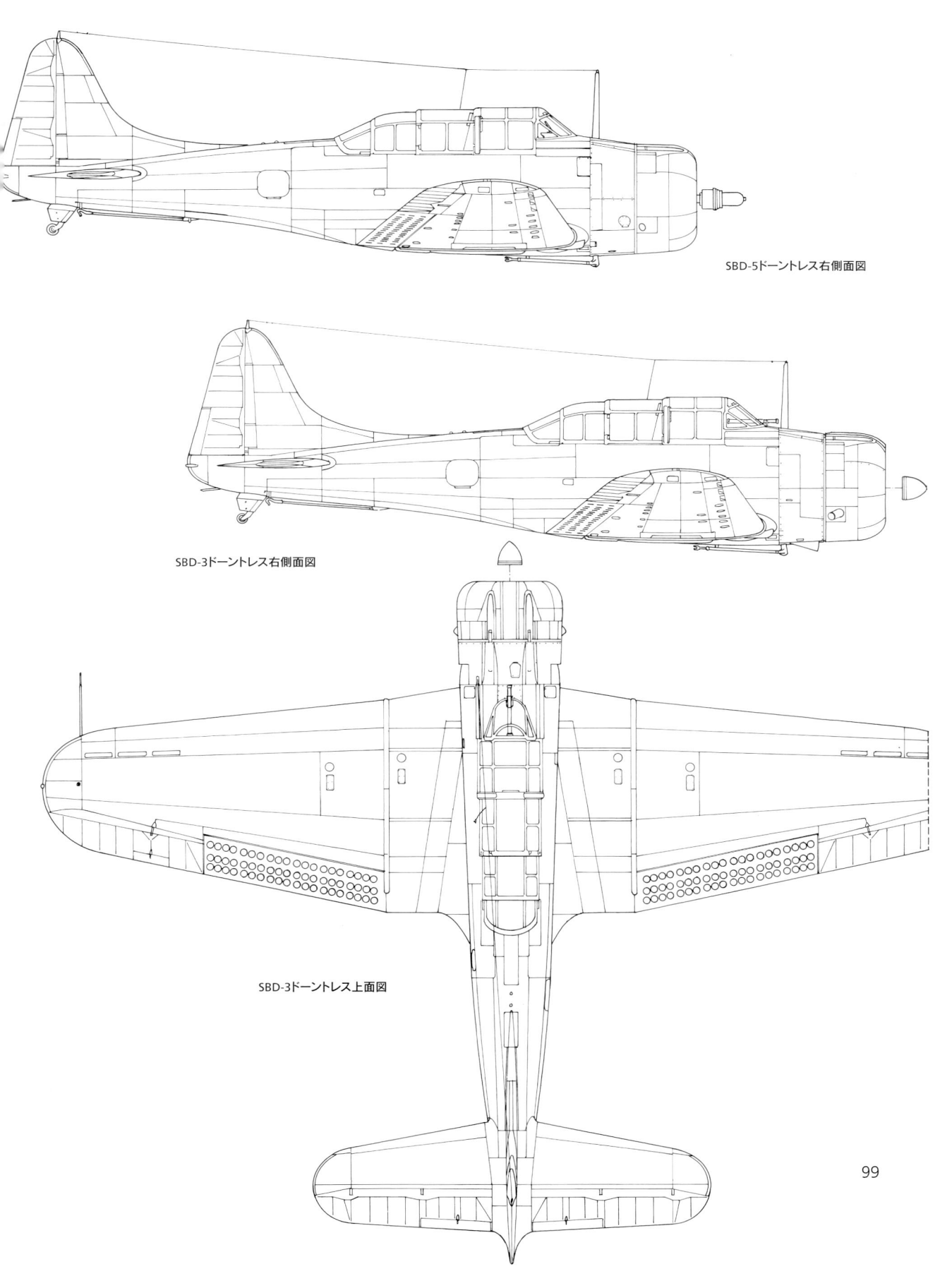

SBD-3ドーントレス右側面図

SBD-3ドーントレス上面図

5
SBD-3 「黒のB-46」 第3爆撃飛行隊
空母「サラトガ」(CV3) ロバート・M・エルダー中尉とL・A・ティル二等通信士 1942年8月24日
東ソロモン海戦当日の午後、エルダー中尉は2機のSBDと5機のアヴェンジャーで、日本軍空母艦隊を攻撃した。5機のアヴェンジャーとは別に、僚機のR・T・ゴードン少尉を率いて、水上機母艦「千歳」を爆撃し、沈没しそうになるほどの損傷を与えた。なお、銃手のティル通信士は、ミッドウェイ海戦でも中尉の機に搭乗していた。垂直尾翼のLSO（Landing Signal Officer）ストライプは1940年以来使われているマーキングであるが、LSO（着艦誘導員）はこのストライプを見て、着艦してくる機体が、正しい高度と迎角を保っているか判断し、パイロットに指示を出していた。ほとんどのLSOストライプは白であるが、開戦以前には赤いストライプもあった。

6
SBD-5 「黒のS-1」 第3海兵偵察飛行隊 アメリカ領ヴァージン・アイランド クリスチャン・C・リー海兵隊少佐 1944年5月
第3海兵偵察飛行隊はカリブ海の海兵隊でSBDを使用した唯一の飛行隊であるが、SBDの他にもOS2Uキングフィッシャーなども使っていた。対潜哨戒を主な任務としていたが、Uボートがカリブ海まで来る可能性がなくなり、1944年5月にヴァージン・アイランドのセント・トーマスで部隊は解隊されている。機体は、大西洋仕様の迷彩が施され、インシグニア・ホワイトとブルーグレイに塗られており、当時のSBDの中では魅力的な塗装である。機体の愛称がカウリングの直後に黒で書き込まれている。

7
SBD-3 BuNo 2132 「黒の16」 第5爆撃飛行隊
空母「ヨークタウン」(CV5) デイヴィス・E・チャフィー少尉とジョン・A・カッセルマン一等水兵 1942年5月8日
珊瑚海開戦の2日目、1942年5月8日、「ヨークタウン」の航空群は「レキシントン」の飛行隊と協力し、ポートモレスビー上陸を試みる日本軍の支援空母艦隊を攻撃した。前日も協同作戦で空母「祥鳳」を撃沈していたが、この日は悪天候に妨げられ編隊はバラバラになってしまった。そうした中で、第5爆撃飛行隊は空母「翔鶴」を爆撃し損傷を与えた。が、J・J・パワーズ大尉とその銃手E・C・ヒル通信士、そしてこの図のチャフィー少尉とカッセルマン水兵の2機が撃墜され、全員が死亡した。

8
SBD-3 BuNo 4690 「黒のS-10」 第5偵察飛行隊
空母「ヨークタウン」(CV5) スタンレイ・W・ベジタサ中尉とフランク・B・ウッド三等通信士 1942年5月8日
アメリカ海軍機動部隊は、5月8日に空母「翔鶴」と「瑞鶴」を攻撃したが、その翌日、両艦の飛行隊が「レキシントン」と「ヨークタウン」を攻撃してきた。当日、「ヨークタウン」を敵の雷撃機から守るため、第5偵察飛行隊の8機のSBD-3が低空パトロール飛行をしていたが、ベジタサ中尉とウッド通信士の機もその中にあった。雷撃機を護衛して来た零戦二一型は、波頭すれすれの空中戦を演じ、4機のSBDが搭乗員もろとも失われてしまったが、ベジタサ中尉は反撃を試み、零戦3機を撃墜した（実際は1機が不時着水）。中尉は海軍十字章を授章し、ほどなく第10戦闘飛行隊に転任し、1942年10月の南太平洋海戦の戦闘で日本軍雷撃機を撃墜し、再び十字章を授与されている。

9
SBD-3 「黒の17」 第5偵察飛行隊 空母「ヨークタウン」(CV5) レイフ・ラーセン少尉とジョン・F・ガーナー通信士 1942年6月
「ヨークタウン」の第5爆撃飛行隊は、同艦の第5偵察飛行隊の交替としてやって来た第3爆撃飛行隊と混同されないように、ミッドウェイ海戦の前後の短期間、第5偵察飛行隊と改名されていた。機体番号は胴体の他に、主翼内翼の前縁及び、外翼との継ぎ目フェアリングのすぐ内側にも黒で書き込まれていた。尾翼にLSOストライプは引かれていないことに注意。この機体は下面色のミディアム・グレイが、エンジンカウルの前面に大きく回りこんでおり、珍しい。

10
SBD-3 BuNo 4687 「黒のB-1」 第6爆撃飛行隊
空母「エンタープライズ」(CV6) リチャード・H・ベスト大尉とジェイムズ・F・マーレイ主任通信士 1942年6月4日
ミッドウェイ海戦で、ベスト大尉は第6爆撃飛行隊の隊長として、この機体で2回出撃している。6月4日の午前の出撃では、大尉の部隊は、空母「赤城」と「加賀」を爆撃し、午後には「飛龍」を爆撃し撃沈している。この午後の出撃でベスト大尉は、酸素ボンベの故障から、苛性ソーダガスを吸いこみ、肺に障害を負ってしまった。大尉はすぐに前線勤務から外され、そのまま除隊することになったが、その最後の任務となった戦闘で、敵空母を2隻も撃沈したことになったのである。

11
SBD-3 「黒のB-18」 第6爆撃飛行隊
空母「エンタープライズ」 ロバート・C・ショウ少尉とハロルド・L・ジョーンズ二等通信士 1942年8月8日
ショウ少尉とジョーンズ通信士は、第6爆撃飛行隊と第5偵察飛行隊の8機の編隊で「エンタープライズ」の飛行任務フライト319に就いていた。爆撃命令を待って、ツラギ上空を旋回していると、ニューブリテン島のラバウルから飛んできた2機の零戦二一型が攻撃してきた。ドーントレスの後部銃手たちは一斉に反撃し、先頭の坂井三郎一飛曹は、2機かそれ以上からの銃撃を受け、重傷を負い、片目は失明状態になったが、そのまま500マイル以上を飛び続け、ラバウルに奇跡的な生還を遂げた。

12
SBD-5 「白の19」 第9爆撃飛行隊
空母「エセックス」(CV9) 1944年前半
「エセックス」の第9航空群の爆撃隊として、1943年3月から、約1年間、第9爆撃飛行隊の機体は、図のようなシンプルだが目立つ機体番号をつけていた。この期間の主な戦闘としては、1943年10月のウェーキ島攻撃と、1944年2月のトラック島攻撃がある。胴体の国籍マークは、丸型から白帯付きに塗りなおされており、下書きに使った赤いペイントが見えている。

13
SBD-3 「黒のS4」 第6偵察飛行隊
空母「エンタープライズ」 1942年2月
1942年初頭のアメリカ海軍艦載機は、マーキングの変更が行われ、作業が完了するまでの期間、国籍マークなどおかしな組み合わせとなっている機体が見られた。図の機体もその一例であり、胴体には国籍マークがない。また機体番号のS4も、4の数字の横棒が突き出ていない。時期的に、この機体はこの塗装のまま2月

のウェーキ島爆撃に出撃していると思われる。この他にも第6偵察飛行隊には胴体の国籍マークが大小左右で異なるものや、機体番号の位置が前後しているものも見受けられた。

14
SBD-3　BuNo 06492　「黒のS-13」　第10偵察飛行隊
空母「エンタープライズ」　ストックトン・B・ストロング大尉とクラレンス・H・ガーロウ等通信士　1942年10月26日
ドーントレスは偵察爆撃機であるが、その用法の模範ともいえる戦闘が、ストロング大尉が行った南太平洋海戦での空母「瑞鳳」の爆撃である。大尉は索敵中に隣のセクターから、敵空母の位置情報を得て、150マイルを飛んで敵を捕捉、攻撃を行った。ストロング大尉と僚機のチャールズ・アーバイン少尉はそれぞれ命中弾を与え、敵軽空母を戦闘不能に陥れた。爆撃後、零戦に低空で追撃されたが銃手のガーロウが1機撃墜している。ストロング大尉はその後第10爆撃飛行隊の隊長となり、新米パイロットに「お前を俺に継ぐ太平洋で2番目のボマーに育ててやる」と吹いたそうである。終戦時、大尉は空母「シャングリラ」（CV39）のコルセア戦闘機隊長となっていた。

15
SBD-3　「白のB-16」　第11爆撃飛行隊　ガダルカナル島
エドウィン・ウィルソン中尉とハリー・ジェスパーセン二等通信士
1943年夏
第11爆撃飛行隊は、空母「ホーネット」（CV8）の飛行隊と交代するために太平洋に派遣されたが、同艦が1942年10月の南太平洋海戦で沈没したため、陸上基地をベースとしてソロモン諸島の戦闘に参加していた。図は、ウィルソン中尉とジェスパーセン通信士が、1943年3月から7月にかけてガダルカナル島ヘンダーソン基地から出撃していた機体である。機体番号16は胴体側面のほか、主翼上面にも書きこまれていた。白地に黒のペガサスのマークは部隊のエンブレムで、胴体の両側に付けられている。なお、このマークはもともとは「レキシントン」の第2爆撃飛行隊のエンブレムであった。部隊エンブレムは、1941年後半まではどの艦載機にも付けられていたが、機密保持のためと、不足していた機体を部隊間で融通し合うことが多くなり、開戦後はほとんどが塗りつぶされるようになっていった。当時のエンブレムには、第2偵察飛行隊はインディアンの酋長、第3爆撃飛行隊はジャンプする豹、第5爆撃飛行隊は翼の生えた悪魔、第6爆撃飛行隊は突進する羊、などのものがあった。エンブレムを付ける習慣を復活させたのは、海軍の飛行隊ではこの第11爆撃飛行隊などが最初であるが、当時の隊長ウェルドン・ハミルトン少佐は、自分がもと指揮していた第2爆撃飛行隊から4人のパイロットを引き連れて来ていたので、エンブレムも第2爆撃飛行隊のものを使うことにしたのである。海兵隊の飛行隊もエンブレムを復活させたが、第231海兵偵察爆撃飛行隊のスペードのエースなどは、昔から部隊に伝わっていたオリジナルのものであった。

16
SBD-5　「白の39」　第16爆撃飛行隊
空母「レキシントン」（CV16）　クック・クレランド大尉とウィリアム・J・ヒスラー二等通信士　1944年6月
クック・クレランド大尉は、戦後、改造したF2Gコルセアでトンプソン・トロフィーに優勝したことで有名であるが、大戦中、1944年4月21日に、ニューギニアのホランディアで、日本陸軍の九九式襲撃機を撃墜している。また6月20には日本海軍機動部隊攻撃の際、銃手のヒスラー通信士が零戦を1機撃墜し、さらに1機損傷を

与えている。なお、この戦闘では第16爆撃飛行隊の多くが燃料切れになり母艦「レキシントン」に着艦する際、再アプローチができないほどであった。

17
SBD-5　「白の17」　第29混成飛行隊
護衛空母「サンティー」（CVE29）　北大西洋　1943年
この機体は、大戦中期のマーキングとしては珍しく機体番号がフルナンバーとなっており、部隊番号を黒で29C、機番を白で大きく17と書き込まれている。機体塗装は上面がシーグレイ、下面がミディアム・グレイ、国籍マークは胴体と主翼上下左右の6カ所に付いているが、この時期、主翼上面は左翼、下面は右翼のみの4カ所にしか付いていない機体もあった。

18
SBD-3　「黒の41-S-7」　第41偵察飛行隊
空母「レンジャー」（CV4）　1942年11月
1942年11月フランス領モロッコ上陸作戦「トーチ」に参加した空母「レンジャー」の機体。味方識別のため国籍マークが黄色で縁どりされている。この作戦では「レンジャー」のSBDのほか、他の護衛空母の飛行隊も、3カ所に上陸したアメリカ陸軍を援護し、また、カサブランカ港と海上のヴィシー・フランス政府艦船の攻撃も行った。

19
SBD-5　「黒の108」　第51偵察飛行隊
サモア島ツツイラ　1944年5月
1944年中頃になると、太平洋に展開していた海軍のドーントレス隊の多くは、後方基地をベースとした偵察隊となり、対潜哨戒を主な任務としたが、その頃には日本軍潜水艦の脅威は、ほとんどなくなっていた。この第51偵察飛行隊の機体は、当時の標準3色迷彩で塗装されており、機体番号はコクピット横に黒で書き込まれている。この3色迷彩は、SBD-4の後期生産型から施されるようになり、上から順にダーク・ブルー、ミディアム・ブルー、インシグニア・ホワイトで塗られ、それぞれの境目はボカシ塗装となっていた。初期の3色迷彩SBDの国籍マークは、1942年の大径マークであったが、1943年中頃からは小径で白帯が付き、4カ所だけのマーキングとなった。この年の6月から9月にかけて、細い赤線でマークを縁どりした機体もあった。なお、図の機体は、尾輪がソリッドゴムから、空気入りの陸上基地用タイヤに交換されている。

20
SBD-3　BuNo 03315　「黒の16」　第71偵察飛行隊
空母「ワスプ」（CV7）　1942年8月
この機体は、1942年8月25日に、2人のパイロットにより2回出撃し、それぞれ日本機を撃墜している。まず午前中、チェスター・V・ザレウスキー中尉が偵察飛行中に、巡洋艦「愛宕」と「羽黒」の零式水上偵察機を2機撃墜し、午後には艦船攻撃に出撃していたモーリス・R・ドハティー大尉が二式大艇を撃墜した。二式大艇攻撃にはドハティー隊の他の3機も加わっていたが、撃墜を確実なものとしたのは大尉であった。正式に確認された撃墜をもとに描き込まれた、旭日旗のヴィクトリー・フラッグ3個というのはこの機体だけである。

21
SBD-5　「白の101」　第98爆撃飛行隊
ニュー・ジョージア島ムンダ　1944年3月

この機体は、ニューブリテン島ラバウルの日本軍と戦闘を交えていた陸上基地の第98爆撃飛行隊のSBD-5である。ニュー・ジョージア島のムンダを基地としており、この時期、ソロモン諸島で活動していた多くのAirSols飛行隊（Aircraft Solomons）として、特定の航空群に属していない飛行隊であった。第98爆撃飛行隊は日本軍のラバウル撤収後の戦闘活動縮小に伴い、他の多くの飛行隊とともに1944年夏に解隊されている。異常に大きな国籍マークが、胴体のかなり前寄りに付いているのが珍しい。

22
SBD-4/5　「白の119/Push Push」　第144海兵偵察爆撃飛行隊
フランク・E・ホラー海兵隊少佐　ソロモン諸島　1943年11月

この図は海兵隊のVMSB-144隊の機体で、部隊はブーゲンビル島エンプレス・アウグスタ湾上陸作戦を支援した。「Push Push」は機体のニックネームであるが、海兵隊でも機名をつけるのは珍しく、またそのサイズもかなり目立つものであった。この機のパイロットであったホーラー少佐は1943年4月から11月まで部隊の隊長であり、部隊は後にアメリカ本土に戻り、アヴェンジャーを装備した雷撃隊に改編されている。

23
SBD-1　「白の232-MB-2」　第232海兵偵察爆撃飛行隊
ハワイ島イーワ海兵隊航空基地　1941年7月1日

戦前の機体全面ライトグレイのこの機体は、12月7日「The Day of Infamy」（不名誉もしくは、悪行の日の意）の真珠湾奇襲攻撃を生き延びた海兵隊のSBD-1である。第232海兵偵察爆撃飛行隊の機体はこの日、ほとんどが破壊されたが、その後数カ月かけて新しい機体を集め、1942年8月にガダルカナル島へ派遣されている。部隊は隊長のリチャード・C・マングラム海兵隊少佐（後に中佐）に率いられ、後にカクタス・エアフォースと呼ばれるガダルカナル島航空隊初の爆撃隊となった。

24
SBD-5　「白の1」　第231海兵偵察爆撃飛行隊
エルマー・グリッデン海兵隊少佐とジェイムズ・ボイル海兵隊軍曹
マーシャル諸島　1944年

グリッデン少佐の率いる飛行隊「スペードのエース」は、海兵隊の中でも最古参の飛行隊であった。少佐はミッドウェイではSBD-2を、ガダルカナルではSBD-3を駆り、マーシャル諸島で急降下爆撃を77回行い、大戦中の合計爆撃回数は104回を数えた。図の機体は、グリッデン少佐がマーシャル諸島で使っていたもので、爆撃回数を示す白い爆弾のマークの列がコクピット横に書き込まれている。機体全面は3色迷彩が施され、部隊のエンブレムは白地に黒の縁どりがなされている。

25
SBD-5　「白の207」　第236海兵偵察爆撃隊
レオ・R・シャール大尉　ソロモン諸島　1944年後半

第236海兵偵察爆撃隊は、1943年9月にブーゲンビル島で初めて急降下爆撃を行い、ムンダとトロキナを基地としていたが、1945年1月にフィリピンへ転属となった。ルソン島とミンダナオ島で作戦行動に従事し、その後8月1日に部隊は解隊となっている。

26
SBD-2　BuNo 2106　「白の6」　第241海兵偵察爆撃隊
ダニエル・アイバーソン中尉とウォーラス・J・レイド通信士
ミッドウェイ島　1942年6月4日

この機体は1941年12月から1942年4月まで空母「レキシントン」の爆撃隊、第2爆撃飛行隊で使われていたものである。海兵隊の第241海兵偵察爆撃隊に移籍されてから、尾翼ラダーの紅白ストライプの上に機体色のブルーグレイをスプレーしたが、塗り方が薄く一部透けて見える。また胴体の機体番号は元の番号B-6のBを塗りつぶし、白い6をそのまま使っている。国籍マークも、もともとあった中央の赤丸が白で塗りつぶされている。海兵隊ミッドウェイ基地のアイバーソン中尉は、ミッドウェイ海戦で日本軍空母攻撃に失敗した際、激しく被弾したが、機体と共に同島基地に生還している。

27
SBD-5　「白の12」　第331海兵偵察爆撃隊
マジューロ環礁　1944年6月

海兵隊の飛行隊は各部隊が、機体整備グループから頻繁に、機体を借り出していたので、部隊マークや番号などマーキングが妙なことになっている機体が多かった。この機体は、尾翼に大きく書かれた元の機番26をグレイのペイントで塗りつぶし、同隊の国籍マーク直前に新しい機番の12が書き込まれている。なお、この機体は主に対潜哨戒任務に使われていた。

28
SBD-5　NZ 5056 (BuNo 36924)　「白の56」
ニュージーランド空軍第25飛行隊　C・N・オニール軍曹とD・W・グレイ軍曹　ピヴァ飛行場　ソロモン諸島　1944年4月

ニュージーランド空軍唯一の急降下爆撃隊、第25飛行隊は、1943年7月にアメリカ海兵隊の機体を使って部隊が創設された。部隊は海兵隊貸与のSBD-3とSBD-4を使って訓練を繰り返したのち、新品のSBD-5を貸与され、1944年3月から5月まで、ブーゲンビル島ピヴァ飛行場を基地として実戦に参加した。図の機体は、1945年4月から5月に同機のパイロットであったオニール軍曹の操縦により、5月6日に、ラタバルの日本軍燃料集積地に命中弾を出し、たった1機で大戦果をあげた。このNZ5056番機は、1944年5月20日に、海兵隊に返納された最後の3機のうちの1機である。ニュージーランド空軍のSBDはアメリカ海軍や海兵隊と異なり、機体にパイロット個人のエンブレムや愛称を付けることが多く、この機体は「Paddy's Mistake」と呼ばれ、コクピット左側にブロンド女性の上半身が描かれていた。この部隊が前線で使ったSBDはすべてアメリカ海兵隊の迷彩塗装が施されていたが、ニュージーランド内地で飛んでいた機体には、緑色と2種類の茶色の迷彩が施されていたという記録もある。

29
SBD-5　4FB飛行隊　フランス海軍航空隊
南フランス　1944年後期

フランス海軍には、第2海軍航空群（Groupe de Aeronavale-2）の飛行隊に、ドーントレスを装備する3FBと4FB飛行隊があり、1944年後期のモロッコで設立されている。この飛行隊はその年の年末には、実戦参加の準備が完了した。機体の塗装は、アメリカ軍の標準であるが、マーキングはフランス式で、ラダーには碇のマークをあしらった三色旗を配し、胴体の国籍マークもフランスのものに直されている。図は、戦後の短い期間だが、空母「アロマンシェ」の所属となっていた機体である。

30
A-24B　GC I/18「ヴァンデ」
フランス　1944年後期

Armee de l' Air's GC I /18は1943年にモロッコとシリアでアメリカ軍のA-24Bバンシーを使って創設され、連合軍がフランスに上陸すると1944年8月から、南フランスで戦闘任務に就くようになった。爆撃目標はドイツ軍に占領されていたトゥールーズやロリアン、ボルドーなどのほか、沿岸のドイツ艦船なども含まれていた。機体塗装は上面オリーブドラブ、下面がグレイである。

乗員の軍装　解説
figure plates

1
エルマー・G・「アイアン・マン」・グリッデン海兵隊少佐
第231海兵偵察爆撃飛行隊長　中部太平洋マジューロ環礁
1944年6月

グリッデン少佐はアメリカ軍の中で最も優秀なダイブ・ボマー・パイロットとも称されていた。少佐の着ている飛行服は、太平洋戦争後半の2年間、海軍と海兵隊のSBDパイロットとその銃手の標準的なものである。カーキ色のオーバーオールには足の部分にポケットが付いている。上に羽織っているチョッキは初期型の救命着で、彼はこれをミッドウェイやガダルカナルでも着用していた。救命着の左下に染料マーカーが付いているが、これは救命着が支給された当初から採用されていたものである。図の椅子型のパラシュートは初期の物で、後期型には足に付けるストラップも付いていた。少佐が被っている飛行帽はイギリス軍のタイプCであるが、これはおそらくニュージーランド空軍のキティホークか、コルセア、あるいはドーントレスのパイロットとソロモン諸島のどこかで出会って交換したものであろう。ゴーグルはアメリカのB-7型であり、靴もアメリカの標準的な支給品「ブーンドッカー」である。

2
ジェイムズ・M・「モー」・ヴォーズ大尉　第8爆撃飛行隊
空母「ホーネット」(CV8)　ソロモン諸島　1942年10月

図のヴォーズ大尉は、アメリカ海軍士官のカーキ色の標準シャツ、ズボン、ベルトを着用し、階級章をシャツの襟に付けている。ベルトには皮ケースに入ったサバイバル・ナイフが吊り下げられている。グリッデン少佐同様、ヴォーズ大尉も、初期型の救命着を着ているが、こちらには染料マーカーが付いていない。大尉の飛行帽は1942年中頃に艦載機パイロットに支給された熱帯用AN-H-15型で、B-7かAN-6530型ゴーグルが付いている。靴は磨きこまれた黒皮靴であり、この頃はいまだ「ブーンドッカー」が出回ってはいなかった。手袋は標準のものである。

3
ジェイムズ・D・「ジグ・ドッグ」・ラメイジ大尉　第10爆撃飛行隊
空母「エンタープライズ」(CV6)　中部太平洋　1943年後期

ヴォーズ大尉と同様、ラメイジ大尉もカーキ色の士官用標準飛行服を着ているが、救命着には染料マーカーが付いており、靴は「ブーンドッカー」である。飛行帽はAN-H-15であるが、大きなイヤフォンが付いており、ゴーグルはどこにでもある普通のB-7である。

原書の参考文献

Boggs, Charls W. Marine Aviation in the Philippines. Washington DC. 1951
Buell, Harold. Dauntless Heldivers. New York, Orion Books,1988
Cressman, Robert J. "A Glorious Page in Our History" The Battle of Midway. Missoula, Pictorial Histories, 1990
Cressman, Robert J. and J M Wenger. "Steady Hands and Stout Hearts". The Hook, August 1990
Cuny, J. "Dauntless in French Service". AAHS. Journal, Spring 1967
Heinl, Robert D. Jr. Marines at Midway. USMC, 1948
Jenks, Cliff F.L. "Dive Bomber: The Douglas Dauntless in Royal New Zealand Air Force Service". AAHS Journal, Spring 1972
Lambert Jack. Wildcats over Casablanca. Phalanx Publishing Co Ltd. St. Paul, MN. 1992
Larkins, W.T. US Navy Aircraft 1921 1941 and US Marine Corps Aircraft 1914 1959. New York, Orion Books, 1988
Olynyk, Frank J. USMC Credits for Destruction of Enemy Aircraft in Air-to-Air Combat, WW 2, Privately published, 1979
USN Credits for Destruction of Enemy Aircraft in Air-to-Air Combat, WW 2, Privately published, 1982
Pattie, Donald A. To Cock a Cannon: a Pilot's View of World War II. Privately published. 1983
Ramage, James D. "A Review of the Philippine Sea Battle" The Hook, August 1990
Sherrod, Robert. History of Marine Corps Aviation in World War II. Washington DC, Combat Forces Press, 1952
Sakaida Henry. Winged Samurai: Saburo Sakai and the Zero Fighter Pilots. Mesa, AZ, Champion Museum Press, 1985
Tillman, Barrett. The Dauntless Dive Bomber of World War II. Annapolis, Naval Institute Press, 1976
US Navy. Monthly Location and Allowance of Aircraft, 1941 1945
Van Vleet, Clarke. "The First Carrier Raids" The Hook, Winter 1978
White, Alexander. Dauntless Marine: Joseph Sailer Jr. Fairfax Station, VA, White Knight Press,1996

◎著者紹介 | バレット・ティルマン　Barrett Tillman

米国オレゴン州で過ごした少年時代から飛行機に親しみ、10代で飛行機の操縦を覚える。米海軍搭乗員の戦闘での功績を記録することと、彼らが飛ばした航空機の歴史をまとめることに人生を捧げ、世界中の多くの航空機ファンから「ミスター海軍航空隊」として知られている。これまでに第二次大戦の航空に関する20冊以上の著作があり、この他に小説も執筆している。また、『The Hook』『Flight Journal』『JETS』などの権威ある雑誌に400以上の記事を掲載。緻密な独自の調査が評価されて、アメリカ航空史学会とアメリカ空軍史財団から賞を贈られている。

◎訳者紹介 | 富成太郎（とみなり たろう）

1957年東京生まれ。日本大学理工学部精密機械工学科卒。東京在住。商社勤務の後、イラク駐在を経て、ダイナベクターUK勤務。14年間のイギリス在住中に1993年よりダイナベクター・エアモデルズを起こし、キット・メーカーとしても活動を始める。2001年に帰国し、現在ダイナベクター株式会社代表取締役。模型誌、バイク誌、教育誌等にも連載執筆中。

オスプレイ軍用機シリーズ 36

第二次大戦のSBDドーントレス
部隊と戦歴

発行日	2003年8月9日　初版第1刷
著者	バレット・ティルマン
訳者	富成太郎
発行者	小川光二
発行所	株式会社大日本絵画 〒101-0054 東京都千代田区神田錦町1丁目7番地 電話：03-3294-7861 http://www.kaiga.co.jp
編集	株式会社アートボックス
装幀・デザイン	関口八重子
印刷/製本	大日本印刷株式会社

©1998 Osprey Publishing Limited
Printed in Japan
ISBN4-499-22815-8　C0076

SBD Dauntless Units of World War 2
Barrett Tillman

First published in Great Britain in 1998, by Osprey Publishing Ltd, Elms Court, Chapel Way, Botley, Oxford, OX2 9LP. All rights reserved. Japanese language translation ©2002 Dainippon Kaiga Co., Ltd.

ACKNOWLEDGEMENTS

The author wishes to thank the following individuals for their assistance in the compilation of this volume; Cdr David Cawley, Dong Champlin, Dr Steve Ewing, John B Lundstrom, the late Gen Richard C Mangrum, Frank McFadden, Dr Frank Olynyk, Rear Adm James D Ramage, James C Sawruk, the late Capt Wallace C Short, Jerry Scutts, the late Capt James E Vose and Rear Adm Edwin Wilson.